北部湾近海常见浮游动物图集

庞碧剑　蓝文陆
江林源　陈　莹　赵静静　著

海洋出版社
2024年·北京

图书在版编目（CIP）数据

北部湾近海常见浮游动物图集 / 庞碧剑等著.

北京：海洋出版社，2024.8. -- ISBN 978-7-5210-1277-4

Ⅰ. Q958.8-64

中国国家版本馆 CIP 数据核字第 2024092P81 号

责任编辑： 高朝君

助理编辑： 吕宇波

责任印制： 安　森

海洋出版社 出版发行

http://www.oceanpress.com.cn

北京市海淀区大慧寺路 8 号　邮编：100081

鸿博昊天科技有限公司印刷　新华书店经销

2024 年 8 月第 1 版　　2024 年 8 月北京第 1 次印刷

开本：787 mm×1092 mm　1/16　印张：11.5

字数：133 千字　　定价：198.00 元

发行部：010-62100090　　总编室：010-62100034

浮游动物是一类在水中营浮游生活，不能制造有机物的异养型无脊椎动物和脊索动物幼体的总称。浮游动物种类繁多，除常见的水母和鱼、虾、蟹类的幼体外，更多的是不被人们所熟知的种类，如毛颚类、介形类、枝角类、被囊类等。浮游动物个体小、游泳能力弱，看似微不足道，实则能力强大。它们数量庞大且分布极广，通过摄食浮游植物等调控海洋初级生产力，又通过被捕食影响着鱼类等更高营养层级海洋生物资源的结构和总量，在海洋生态系统的物质循环和能量流动中发挥重要作用。因此，准确掌握浮游动物种类组成、时空分布以及数量变化是深入了解复杂海洋生态系统结构与功能、探究海洋生物多样性对海洋生态环境变化和生态响应的基础，也是提升海洋生态环境监测、保护和管理水平的重要保障。

北部湾地处热带-亚热带地区，是我国重要的海产品增养殖区和优质渔场之一，分布着红树林、海草床和珊瑚礁等典型海洋生态系统，栖息着中华白海豚、布氏鲸、中国鲎、印太江豚等多种珍稀海洋动物。较高的初-次级生产力以及充沛的食物链基础有效支撑丰富的生物资源，北部湾成为我国海洋生物多样性最高的海区之一。根据“我国近海海洋综合调查与评价”专项调查结果，北部湾浮游动物种类有690种，其中北部湾北部近海浮游动物种类近400种。因其独特的地理位置以及复杂的水文条件，北部湾近海浮游动物群落组成具有特殊性和复杂性，分布着夏季从湾口来的大洋暖水类群、冬春季从琼州海峡来的暖温类群以及常年活跃的近岸暖水、河口低盐和广温广盐等多种类群。这些种类复杂、形态各异的浮游动物构成了海洋生物多样性的基础。

目前，海洋浮游动物的工具书主要为以文字描述加手工描绘浮游动物形态的图谱和图集，这些工具书对于专业鉴定人员来说是必不可少的工具，但对于初学者和业余爱好者来说，这些文字描述和手绘线条图相对较专业和抽象，缺乏对浮游动物具象化的认识。另外，由于海洋浮游动物个体微小，相较于较大体型的海洋生物如鱼类、鲸豚等，浮游动物没有适合用于展陈的标本、模型以及其他形式的科普载体，在开展海洋生物多样性科普方面难以达到较好的效果。因此，本书作者拍摄了北部湾近海浮游动物常见种类的实体照片，以期通过这种方式让初学者和社会公众对生活在北部湾近海的浮游动物有直观的认识，激发他们对海洋浮游动物等海洋生物研究的兴趣和热情。同时，让海洋浮游动物等小型海洋生物有更多机会走进公众视野，提升公众对海洋生物多样性的认识和了解。此外，随着生物监测技术不断进步，海洋浮游动物的分析鉴定工作也由传统的人工镜检朝着仪器设备自动扫描智能识别的方向发展，建立准确而全面的浮游动物实物图谱库是实现浮游动物自动化、智能化监测的基础。本书为北部湾浮游动物图谱库的构建提供了较丰富的素材，也为浮游动物监测和研究的实际应用提供重要的支撑。

本书的研究主体是480余张浮游动物整体及局部的实体照片，涵盖了栉板动物门、刺胞动物门、软体动物门、节肢动物门、毛颚动物门、脊索动物门、尾索动物门和浮游幼虫类8个门类200余种（类）北部湾近海常见浮游动物，其中节肢动物门中的桡足类为本书物种最丰富的类群。本书收集了同一种桡足类的雌性和雄性个体照片，展示雌雄个体形态外观的差异，还囊括了浮游动物重要的一个类别——浮游幼体。浮游幼体是由各类终身性浮游动物的幼体和其他海洋动物阶段性的浮游幼体组成，因处于个体发育阶段，所以较难鉴定到种，很少有图集收集该类别。本书照片由广西壮族自治区海洋环境监测中心站生态研究室浮游动物组鉴定人员拍摄，拍摄样品来源于全国海洋生态环境监测工作的北部湾夏季航次以及涠洲岛-斜阳岛海域布氏鲸栖息地生态监测调查专项春、夏、秋、冬4个航次。

特别感谢中国科学院南海海洋研究所李开枝研究员和厦门大学郭东晖教授对本书的审定工作；感谢广西壮族自治区海洋环境监测中心站全体监测人员在样品采集过程中的鼎力支持；感谢海南省生态环境监测中心刘顿和广西海洋科学院方超提供的部分浮游动物样品。

本书的出版得到广西科技基地和人才专项“广西海洋生态环境科普教育基地建设与示范（桂科AD24010028）”项目、“广西野外科学观测研究站科研能力建设（桂科23-026-271）”项目、国家自然科学基金项目“北部湾陆海统筹系统氮磷循环及其生态环境效益（U23A2048）”、科技基础资源调查专项资助(2023FY100800)项目、广西渔业油价补贴政策调整一般性转移支付资金项目——广西海洋渔业资源调查项目的共同资助。

由于作者水平和样品所限，本书若有错漏之处，敬请批评与指正。

作　者

2024年6月

栉板动物门 Phylum CTENOPHORA

刺胞动物门 Phylum CNIDARIA

软体动物门 Phylum MOLLUSCA

节肢动物门 Phylum ARTHROPODA

毛颚动物门 Phylum CHAETOGNATHA

脊索动物门 Phylum CHORDATA

尾索动物门 Phylum UROCHORDATA

浮游幼虫类

栉板动物门
Phylum CTENOPHORA

有触手纲
Class TENTACULATA

球栉水母目 Order CYDIPPIDA

侧腕水母科 Family Cydippidae

球型侧腕水母 *Pleurobrachia globosa*

形态特征 高 7~12 mm，宽 5~10 mm；体呈圆球形；体表具 8 条栉毛带，每条栉毛带上的栉毛板数目相同；体部中间具胃管系统，食物从口道进入胃腔，由排泄孔排出。

采集地 北部湾近岸海域

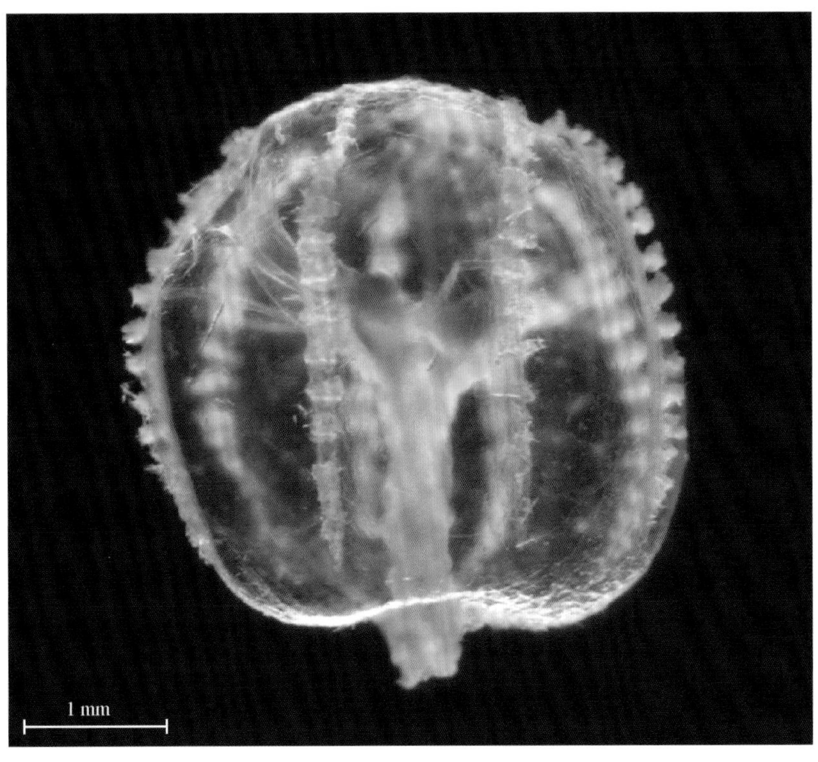

▲ 整体侧面观

无触手纲
Class NUDA

瓜水母目 Order BEROIDA

瓜水母科 Family Beroidae

佛氏瓜水母 *Beroe forskalii*

形态特征　口道管左右侧扁，体长约为体宽的 2 倍；口端具有宽大的口，反口端钝圆，具感觉器和感觉触丝。

采集地　北部湾中部海域

▲ 整体侧面观

刺胞动物门

Phylum CNIDARIA

水螅纲 Class HYDROZOA

筐水母目 Order NARCOMEDUSAE

间囊水母科 Family Aeginidae

两手筐水母 *Solmundella bitentaculata*

形态特征 体呈半球形，顶部胶质较厚，有两条很长的细触手自伞的近顶部向两侧伸出。

采集地 北部湾近岸海域

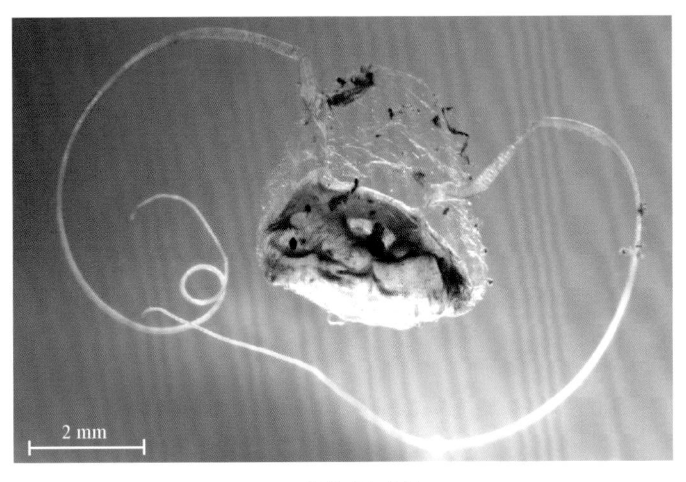

▲ 整体侧面观

▼ 口面观

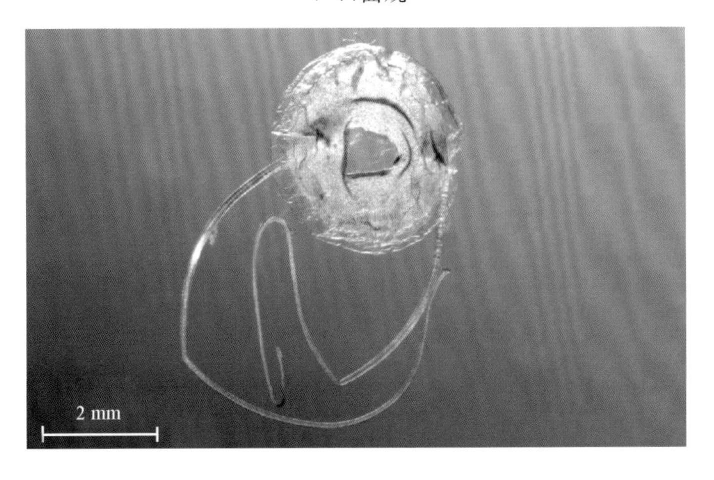

硬水母目 Order TRACHYMEDUSAE

怪水母科 Family Geryoniidae

四叶小舌水母 *Liriope tetraphylla*

形态特征　成体呈伞状，胶质厚；胃柄长，可达伞半径的2~3倍；4个扁平叶状或卵圆形的生殖腺位于内伞的辐管上。幼体呈半球形，垂管较小，4条触手位于伞缘，排列刺丝囊。

采集地　北部湾近岸海域

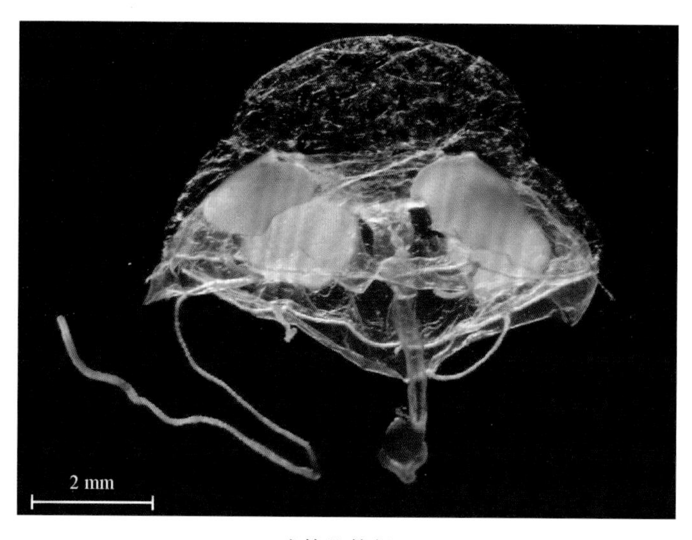

▲ 成体整体侧面观

▼ 幼体整体侧面观

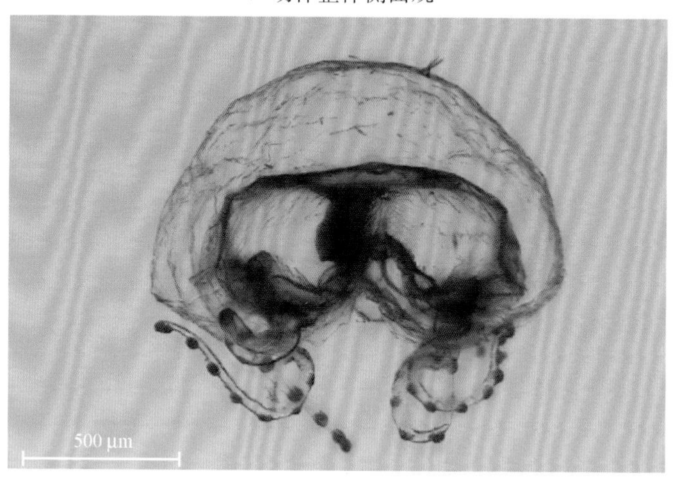

棍手水母科 Family Rhopalonematidae

半口壮丽水母 *Aglaura hemistoma*

形态特征　体呈钟形，顶部较宽平，两侧直，胶质很薄；胃部近上部。

采集地　北部湾近岸海域

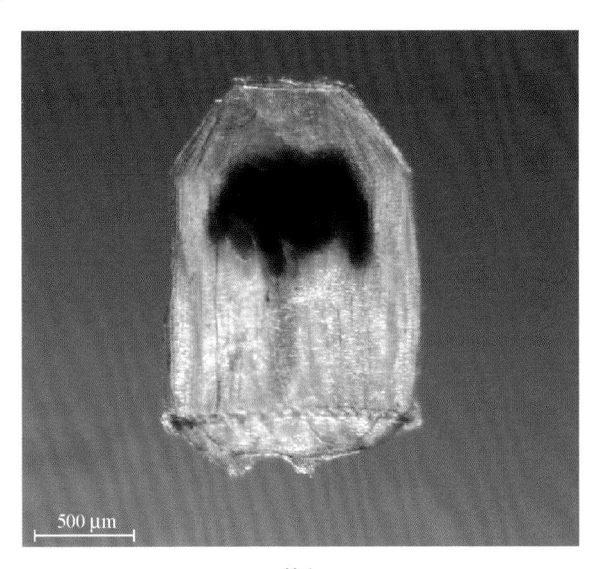

▲ 整体侧面观

顶突瓮水母 *Amphogona apicata*

形态特征　伞呈钟罩形，具1个小钝锥状顶突；生殖腺位于辐管中部，呈囊状；伞缘有多条短小的触手。

采集地　北部湾近岸海域

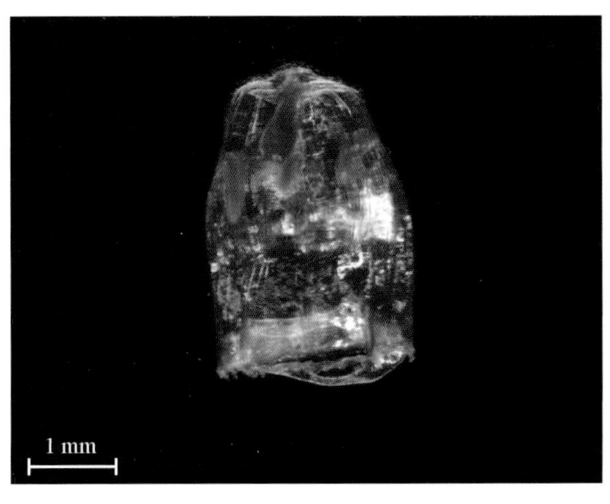

▲ 整体侧面观

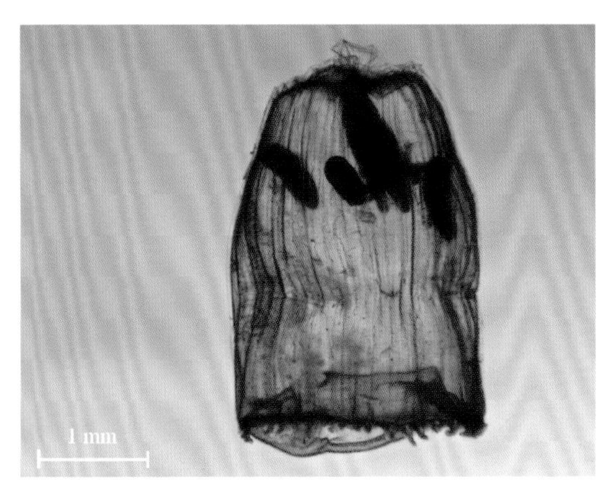

▲ 整体侧面观

花水母目 Order ANTHOATHECATA

高手水母科 Family Bougainvillidae

鳞茎高手水母 *Bougainvillia muscus*

形态特征　伞呈钟形，伞顶胶质厚；4 条辐管；伞缘触手基球较大，每个基球有 3~4 条长触手。

采集地　北部湾近岸海域

▲ 整体侧面观

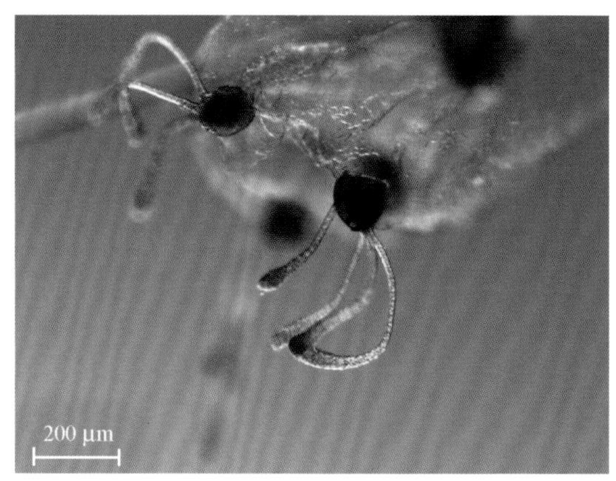

▲ 触手

乳突单肢水母 *Nubiella papillaris*

形态特征　伞呈钟形，胶质厚，有一明显顶室；垂管呈圆柱形，在垂管口缘上部围绕 8 条不分枝口触手，每条末端有 1 个刺丝囊球；4 条触手，触手基球膨大。

采集地　北部湾近岸海域

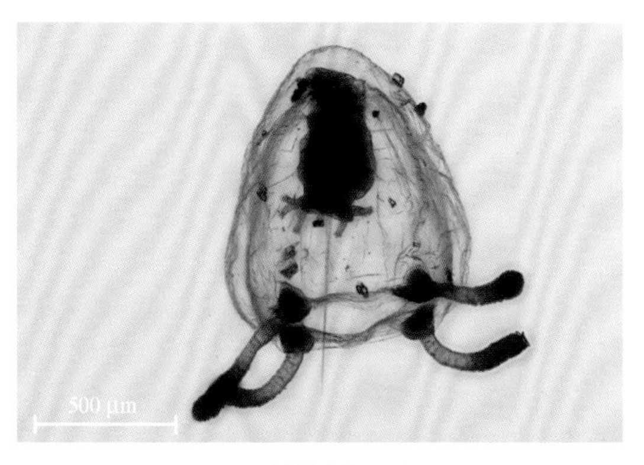

▲ 整体侧面观

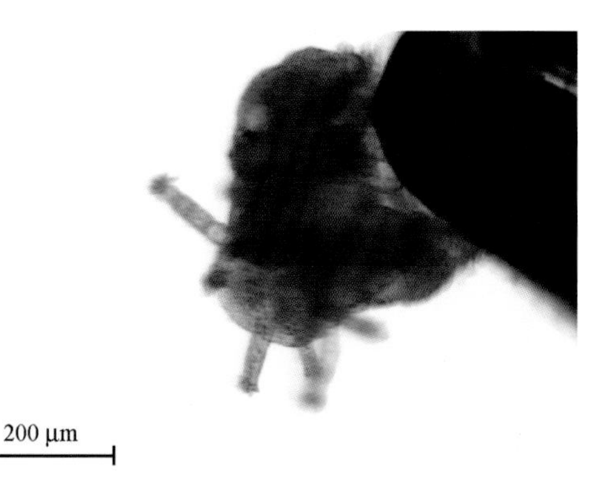

▲ 口触手

棒螅水母科 Family Clavidae

灯塔水母 *Turritopsis nutricula*

形态特征 伞呈钟形，伞顶胶质厚；垂管宽大，约占内伞腔深度的2/3，无胃柄；生殖腺发达，位于垂管间辐位；伞缘有80～120条触手，从紧密排列的触手基球伸出。

采集地 北部湾南部海域

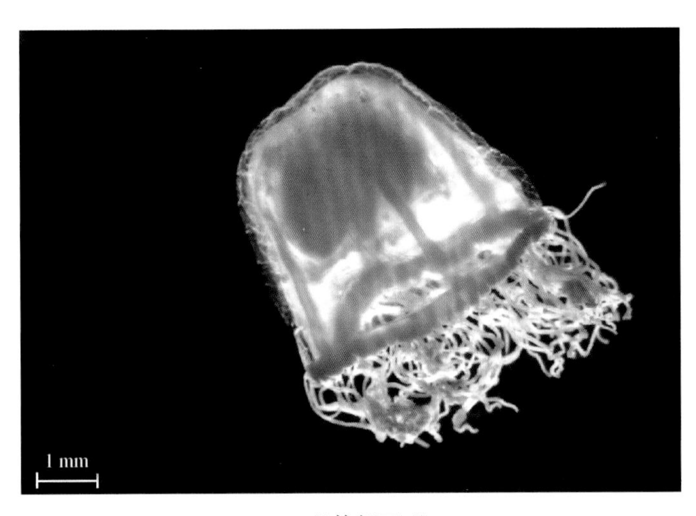

▲ 整体侧面观

介螅水母科 Family Hydractiniidae

念珠介螅水母 *Hydractinia moniliformis*

形态特征 伞呈钟罩形，胶质薄，无顶突；无胃柄；雌性个体垂管细长，约占伞腔高度的2/3，雄性个体较短，仅占1/2；8条缘触手大小不同，4条主辐位的触手大于4条间辐位的触手，在触手中部和后部具有念珠状的刺丝囊球，末端具有半球形的端刺丝囊球；4条辐管，1条环管，缘膜较窄。

采集地 北部湾近岸海域

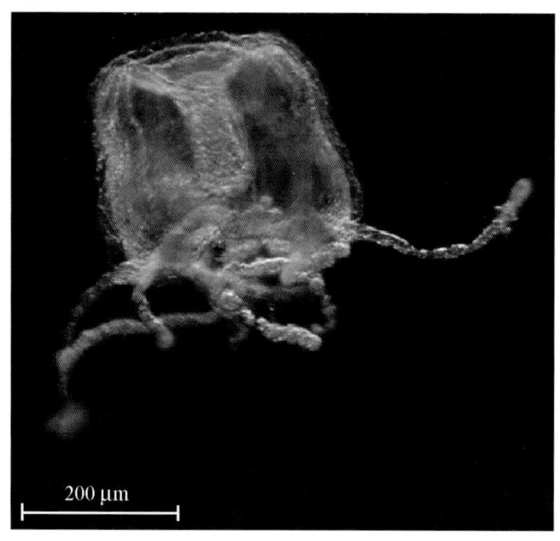

▲ 整体侧面观（♀）

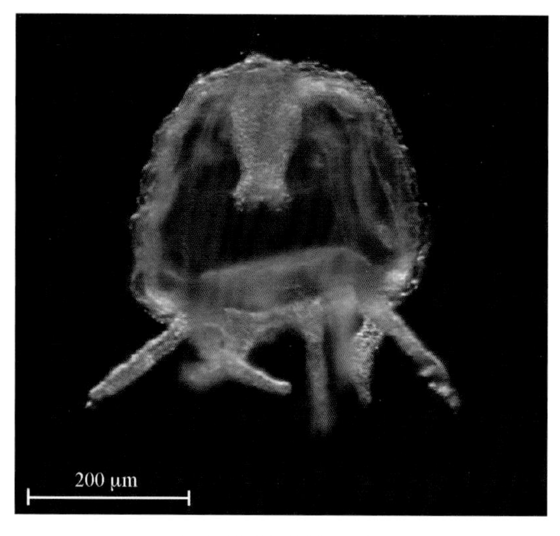

▲ 整体侧面观（♂）

拟棍螅水母科 Family Hydrocorynidae

广口拟棍螅水母 *Hydrocoryne miurensis*

形态特征 垂管细瓶状，基部较宽，近口端逐渐狭小，其长度约为伞腔高度的 1/2，有 4 个内伞间辐突起；触手基部膨大，触手上有许多分散刺丝囊。

采集地 北部湾近岸海域

▲ 整体侧面观

大胃拟棍螅水母 *Hydrocoryne macrogastera*

形态特征 伞近圆柱形；垂管体积很大，无胃柄，无内伞间辐突起；口缘无刺丝囊，4 条短而硬的主辐位触手；触手具环刺丝囊，其末端具 1 个膨大刺丝囊球，缘触手基球很大，近椭圆形，缘基球大部分缠绕外伞缘。

采集地 北部湾近岸海域

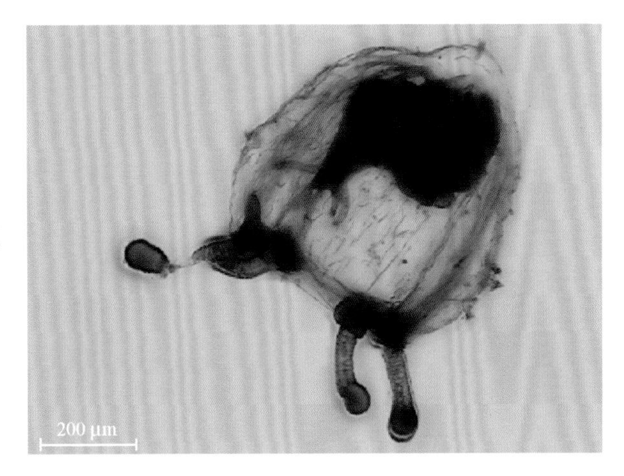

▶ 整体侧面观

棒状水母科 Family Corymorphidae

粗管真囊水母 *Euphysora crassocanalis*

形态特征 伞呈钟罩形，顶部钝圆，胶质较薄；垂管呈圆桶状，长度达到伞内腔高度的 2/3；口呈圆环形；4 条辐管；4 个触手基部呈短锥状，其中 1 条主触手细长，具 5 个几乎等大的成排的刺丝囊球，其末端具 1 个稍膨大的刺丝囊球。

采集地 北部湾近岸海域

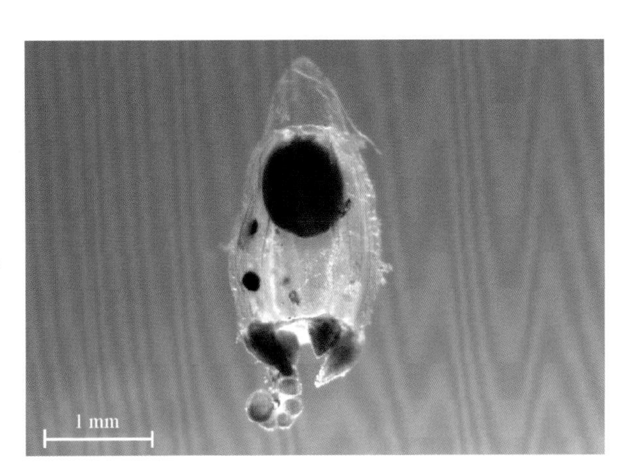

▶ 整体侧面观

泡真囊水母 *Euphysora vacuola*

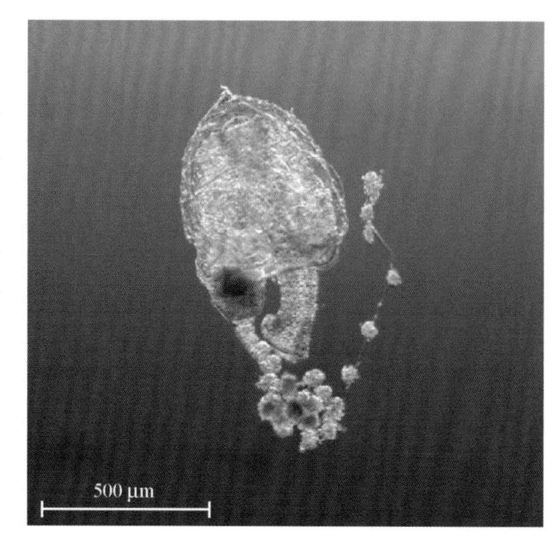

▲ 整体侧面观

形态特征　伞呈锥形，有 1 个钝圆的实心顶突，胶质厚度均匀，外伞光滑；垂管长而粗，呈长椭圆形，垂管基部很宽，覆盖着浓密泡状内胚层细胞，垂管约 1/2 长度超出缘膜口外；主触手很长，触手基球很大，呈卵圆形至球形，另 3 个触手基球很小、等大。

采集地　北部湾近岸海域

褐色真囊水母 *Euphysora brunnescentis*

形态特征　伞呈球形，胶质厚，表面光滑；垂管呈圆柱形，顶室下端与胃上部紧密结合，顶室上端钝圆，口简单环状；4 条辐管，1 条环管；生殖腺无规则隆起，几乎覆盖整个胃壁；主触手在触手背轴具有一列 50～60 个刺丝囊球，基球膨大，另 3 个退化触手基球等大。

采集地　北部湾近岸海域

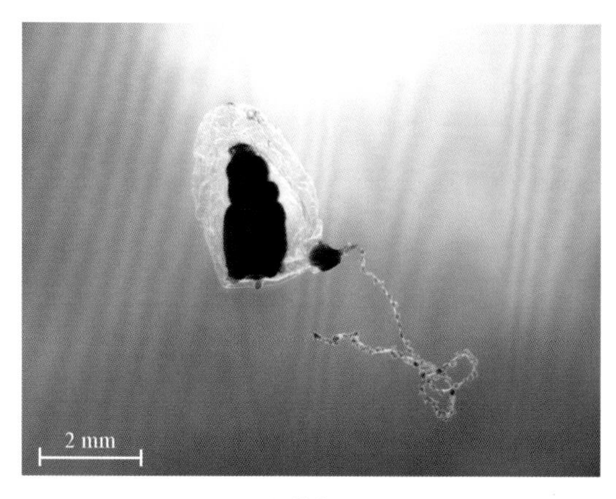

▲ 整体侧面观

▲ 触手基部

背轴真囊水母 *Euphysora abaxialis*

形态特征 伞近钟形，伞顶钝圆，胶质厚，无顶管；胃大，近椭圆形，其长度超过内伞腔的 1/2；生殖腺环绕胃壁，口简单圆形；主触手短，基部大，近椭圆形，另 3 个触手基部退化，等大，略向上攀。

采集地 北部湾近岸海域

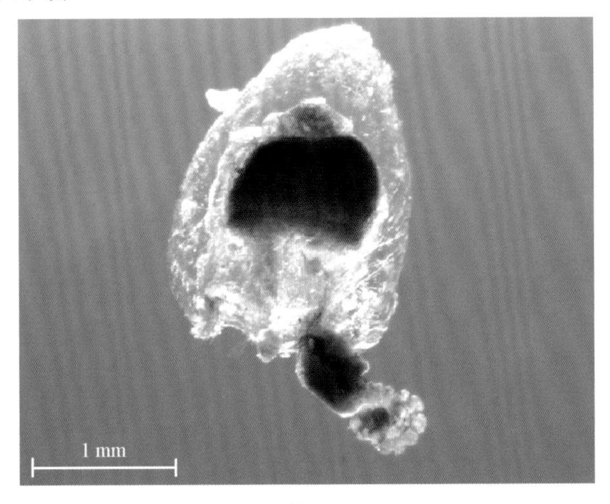

▲ 整体侧面观

福建真囊水母 *Euphysora fujianensis*

形态特征 顶部呈钝锥状，胶质厚，顶突不明显；垂管狭长，其长度超出内伞腔缘膜口，口简单环状；生殖腺环绕在垂管中部；主触手细长，呈念珠状，触手近端较粗，基球很大，近球形，其他整条触手很细，基球小，球形，等大，略向上攀。

采集地 北部湾近岸海域

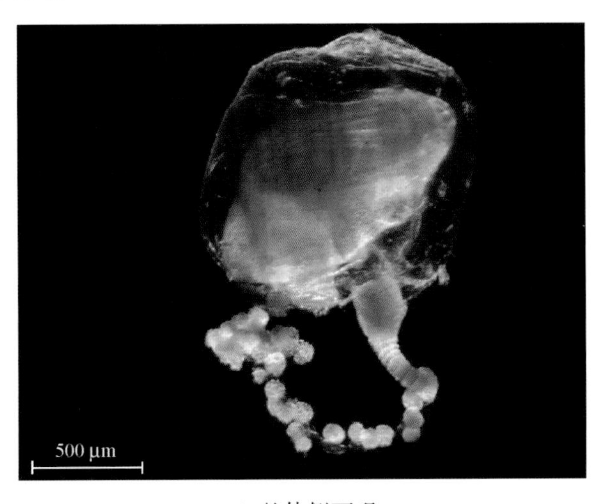

▲ 整体侧面观

贝氏真囊水母 *Euphysora bigelowi*

形态特征 伞呈钟形，具大的锥形顶突；垂管呈圆柱形，其长度达内伞腔高度的2/3，口呈环状；生殖腺环绕垂管上；4 条辐管和 1 条环管细狭；主触手细长，基部呈球形，触手末端呈球状，另 3 个主辐位触手基球具有短而逐渐恢复变细的触手。

采集地 北部湾近岸海域

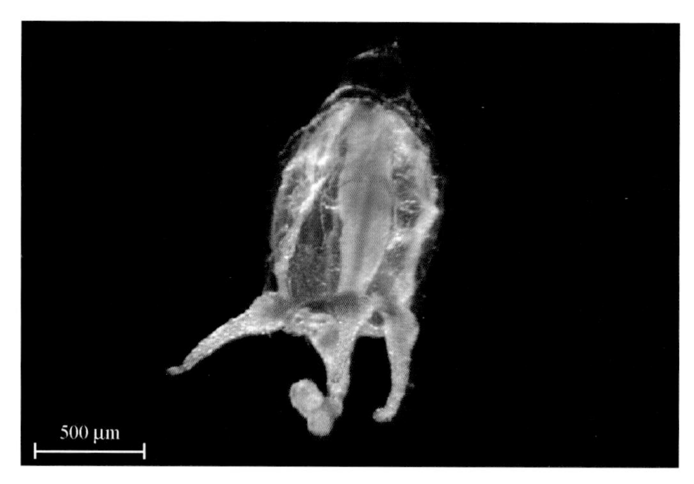

▲ 整体侧面观

金标八幅水母 *Octovannuccia zhangjinbiaoi*

形态特征 伞呈钟形，伞高大于宽；有 1 个较大缘基球延伸成 1 条细长空心长触手，触手末端具 1 个大圆形刺丝囊球，其他缘基球无触手。

采集地 北部湾近岸海域

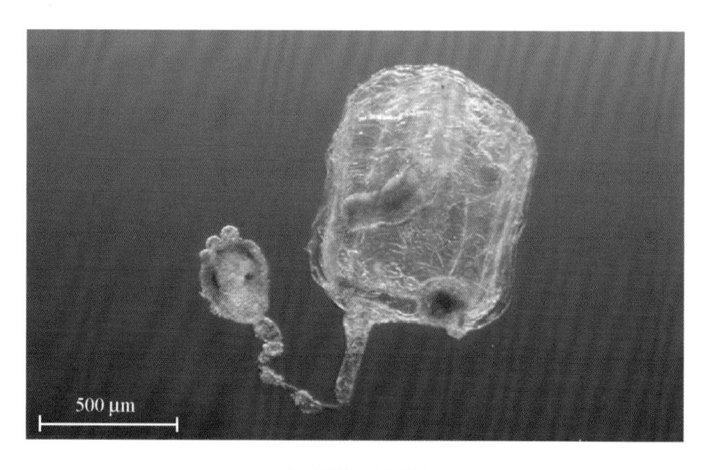

▲ 整体侧面观

深水拟单手水母 *Paragotoea bathybia*

形态特征 伞呈钟形，胶质薄；垂管呈椭圆形；伞缘有缘基球；1 条直且硬的长触手，其长度约为伞高的 1.5 倍，触手末端具 1 个盘状的刺丝囊球。

采集地 北部湾南部海域

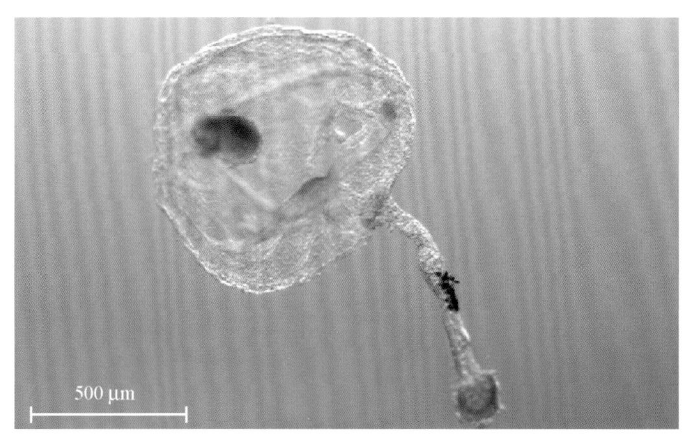

▲ 整体侧面观

囊水母科 Family Euphysidae

眼刺铃水母 *Cnidocodon ocellata*

形态特征 伞呈半球形；垂管呈圆柱状，其长度几乎达到伞缘；口呈圆形，4 条柱状的短触手分布在伞缘；触手基部膨大，触手上的近末端具多个带柄的刺丝囊球，并以不同水平和方向分布在触手末端。

采集地 北部湾近岸海域

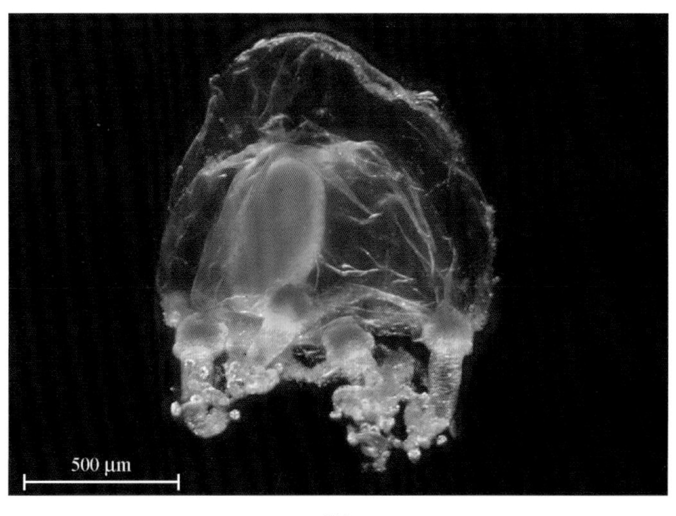

▲ 整体侧面观

软水母目 Order LEPTOTHECATA

多管水母科 Family Aequoreidae

细小多管水母 *Aequorea parva*

形态特征　胃宽大，约为伞径的1/2；辐管数量多达30~40条；生殖腺几乎占据整条辐管。

采集地　北部湾近岸海域

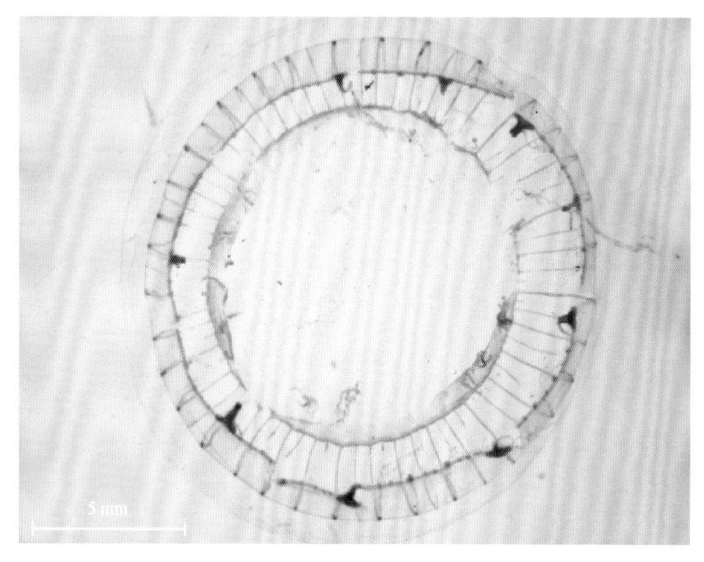

▲ 口面观

▼ 伞缘局部

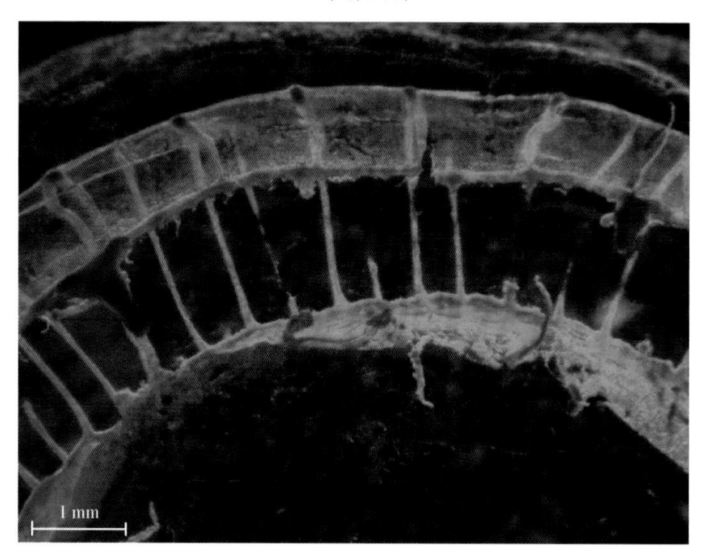

指突水母科 Family Blackfordiidae

多手指突水母 *Tiaropsis multicirrata*

形态特征 伞比半球更扁平，伞缘胶质薄，中央胶质厚，表面光滑；胃底呈四方形，没有胃柄，具4个边缘皱褶的口唇；生殖腺在辐管上，很长，几乎达伞缘，但不与环管相连；缘触手200～250条，辐管4条，环管1条。

采集地 北部湾近岸海域

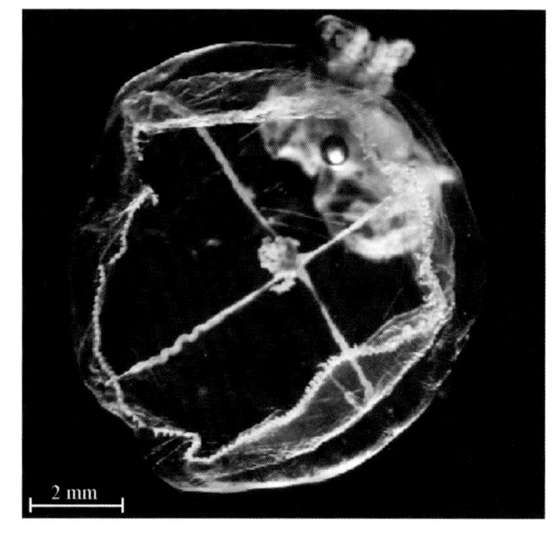

▲ 口面观

和平水母科 Family Eirenidae

六辐和平水母 *Eirene hexanemalis*

形态特征 伞呈半球形，胶质厚；胃柄短小，呈锥状，6条辐管；伞缘具30～50条缘触手，触手基部膨大呈圆球形，每个触手之间有1～3个触手芽和平衡囊。

采集地 北部湾近岸海域

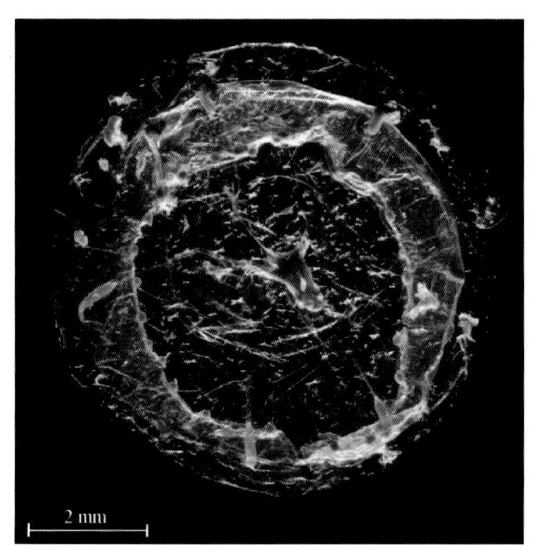

▲ 口面观

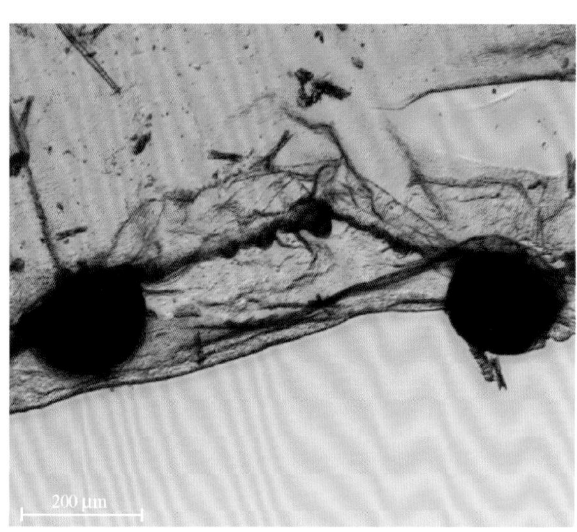

▲ 伞缘局部

无疣和平水母 *Eirene averuciformis*

形态特征 伞顶胶质厚，向伞缘逐渐变薄；胃柄很长，有 1/3 长度超出缘膜口，垂管大，位于胃柄远端；4 个口唇很长，约与垂管等长，唇缘呈复杂钝齿状；4 条辐管和 1 条环管，4 个生殖腺呈长棒状，位于辐管远端，近环管一端的生殖腺膨大，延伸到辐管近端 1/2 处，并逐渐变狭小；伞缘有 32~36 条触手，触手基球近球形，无排泄乳突，触手间无退化基球。

采集地 北部湾近岸海域

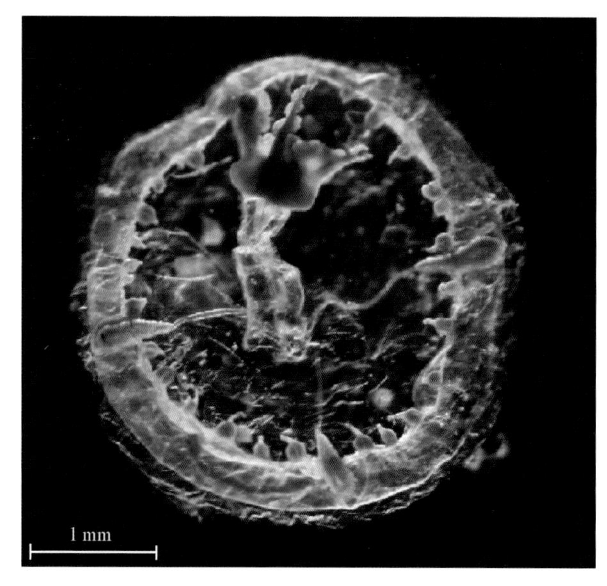

▲ 口面观

细颈和平水母 *Eirene menoni*

形态特征 伞呈半球形，具 4 条辐管，生殖腺分布于辐管上；具 4 个明显的口唇；每 2 条触手之间有 1 个平衡囊。

采集地 北部湾近岸海域

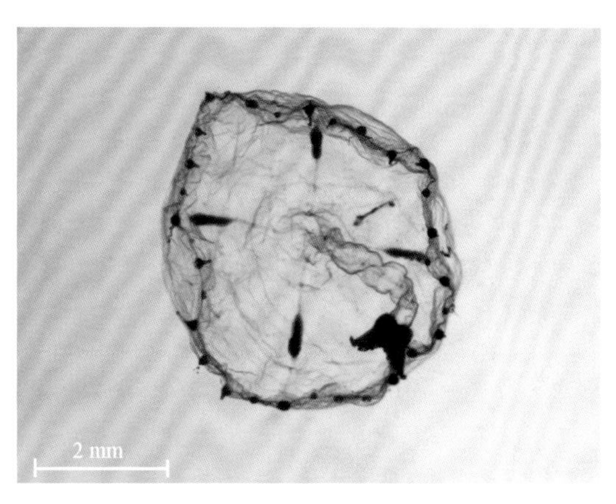

▲ 口面观

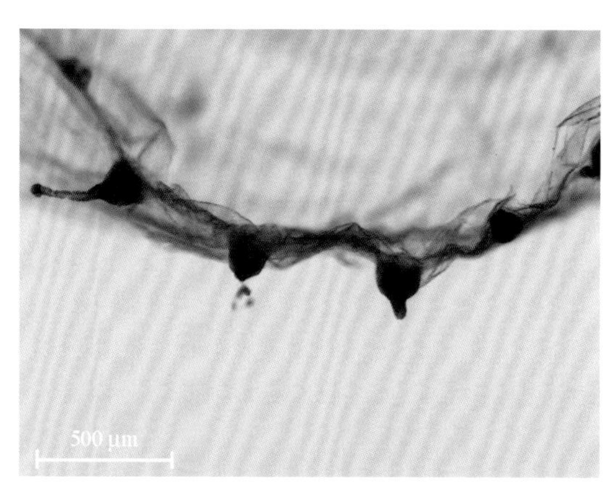

▲ 伞缘局部

真瘤水母 *Eutima levuka*

形态特征 伞近半球形，胶质薄；胃柄细长，其长度约为伞径的 1.5 倍；生殖腺 8 个；缘触手通常 8 条，触手和缘疣具侧丝。

采集地 北部湾近岸海域

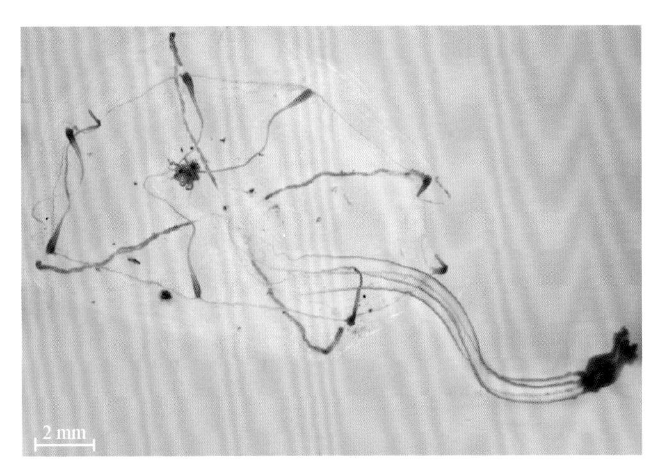

▶ 口面观

八管水母科 Family Octocannoididae

眼八管水母 *Octocannoides ocellata*

形态特征 伞比半球形扁，伞中央胶质厚，边缘薄；胃宽，有 8 个口唇；辐管 8 条，环管 1 条；8 条触手，触手基部膨大，其背轴有眼点，每 2 条触手间有 2～3 个小触手，背轴有黑色斑点；8 个生殖腺位于辐管中部附近，每个生殖腺分成两半。

采集地 北部湾近海海域

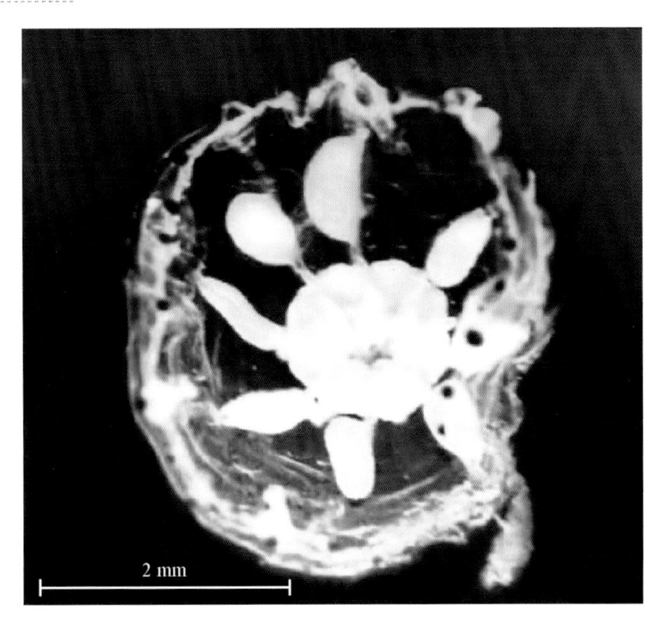

▲ 口面观

薮枝螅水母科 Family Campanulariidae

曲膝薮枝螅水母 *Obelia geniculata*

形态特征 伞扁平，胶质薄；具4条细辐管；4个圆形生殖腺位于辐管的中部，略偏向胃的一侧；伞缘具多条实心触手。

采集地 北部湾近岸海域

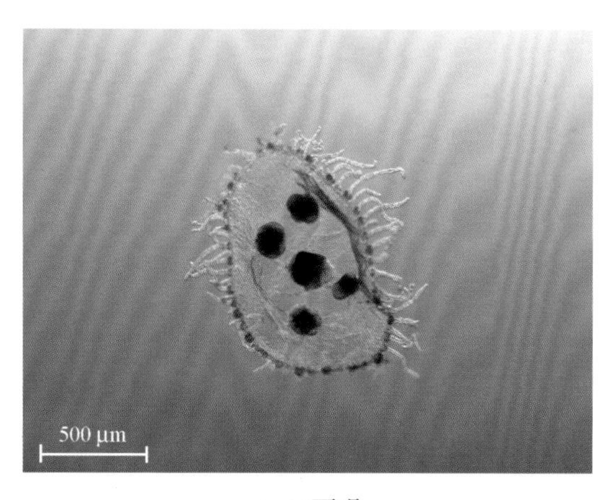

▲ 口面观

▲ 伞缘局部

薮枝螅水母 *Obelia* spp.

形态特征 伞扁平，胶质薄；4个圆形生殖腺位于辐管的外端，靠近伞缘；伞缘实心触手较长。

采集地 北部湾近岸海域

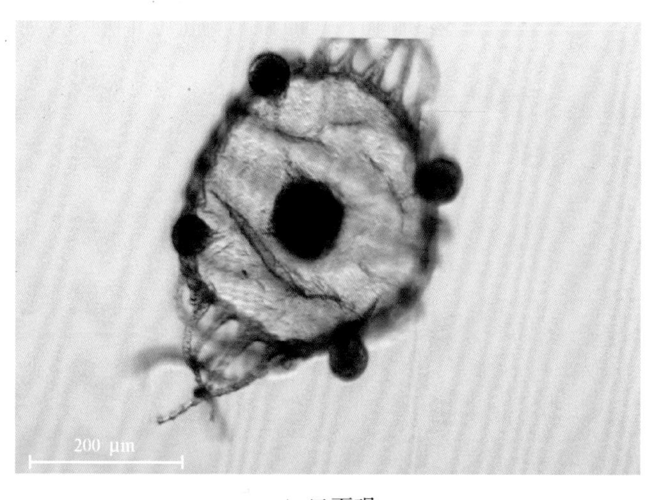

▲ 口面观

玛拉水母科 Family Malagazziidae

中华八拟杯水母 *Octophialucium sinensis*

形态特征 伞扁于半球形；胃中等大小，口有 8 个简单口唇；8 条辐管和 1 条环管；伞缘有 4 条大触手，4 条中等大的触手，24 条小触手，每 2 条触手间有 1 个平衡囊。

采集地 北部湾近岸海域

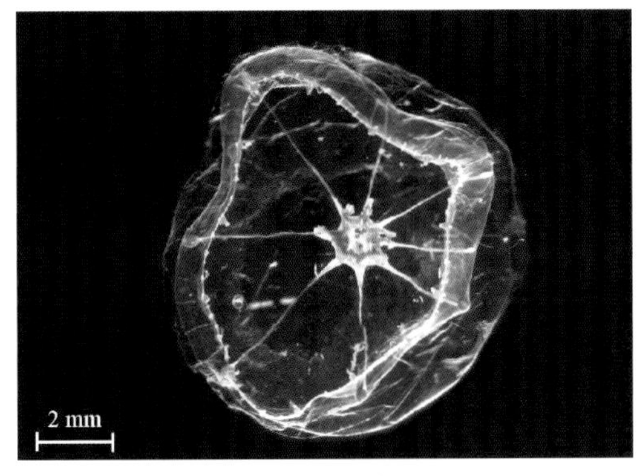

▲ 口面观

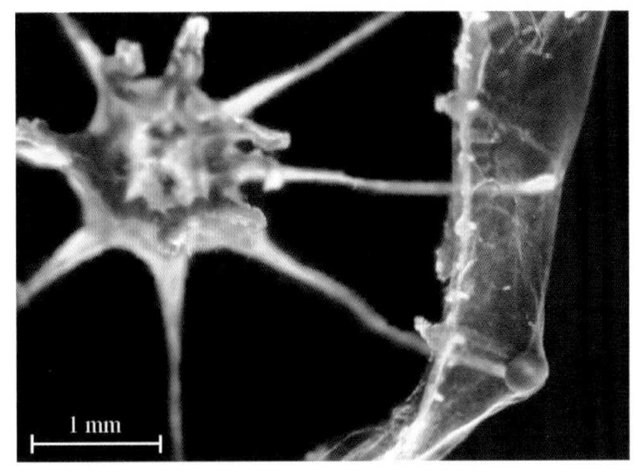

▲ 伞缘局部

触丝水母科 Family Lovenellidae

心形真唇水母 *Eucheilota ventricularis*

形态特征 伞近半球形，稍扁平，顶部胶质较厚，两侧较薄；垂管短，口唇 4 片；生殖腺带状，位于辐管中部，不与环管相接；缘触手 16~30 条，基部有发达触手球，两侧有侧丝，在触手之间还有大、小两种缘疣，大缘疣两侧有侧丝，小缘疣无侧丝；平衡囊 8 个，每个平衡囊内具 5~8 个平衡石。

采集地 北部湾近岸海域

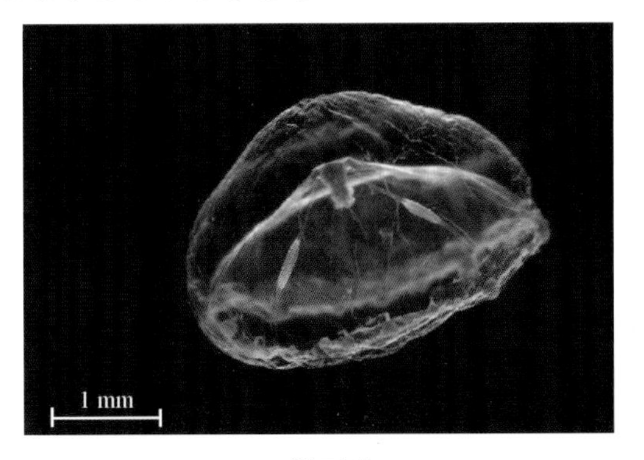

▲ 侧面观

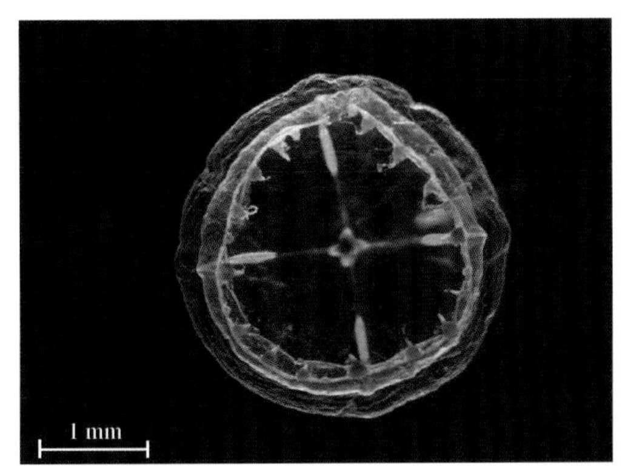

▲ 口面观

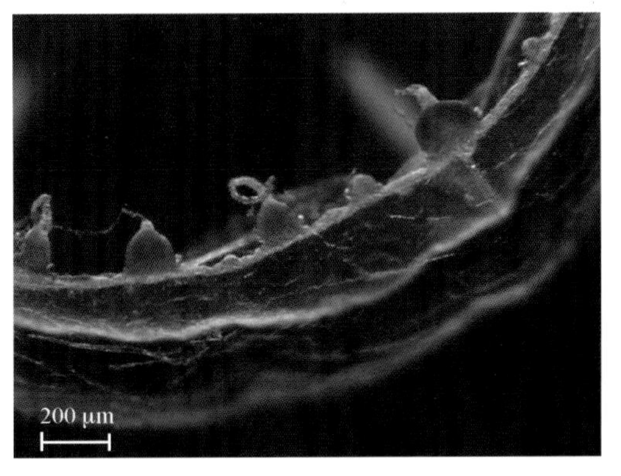

▲ 触手

厦门真唇水母 *Eucheilota xiamenensis*

形态特征 伞近半球形，伞顶胶质厚，伞缘胶质薄；垂管短，约为内伞腔高度的1/5，口呈方形，有4个简单口唇；4条辐管和1条环管；8条触手，4个主辐位，4个间辐位，每个具2~3对侧丝；8个缘疣位于纵辐位上，无侧丝；8个平衡囊，每个平衡囊具1个平衡石；所有触手和缘疣无黑色素。

采集地 北部湾近岸海域

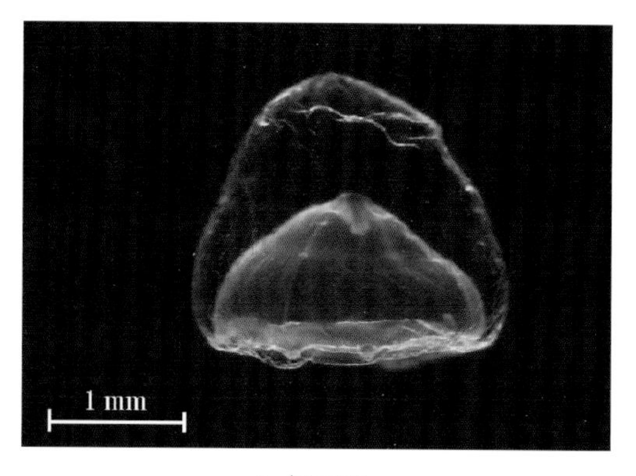

▲ 侧面观

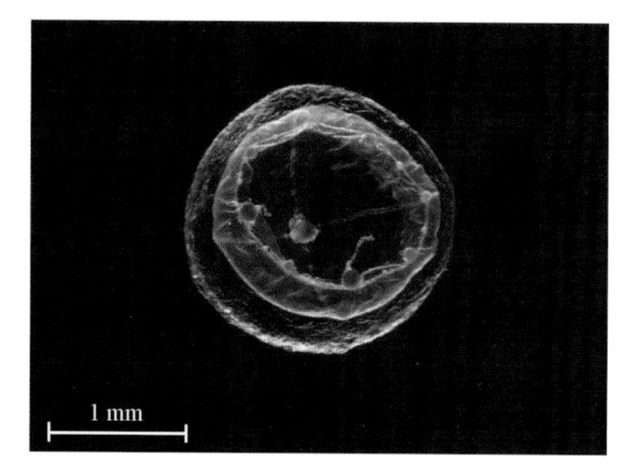

▲ 口面观

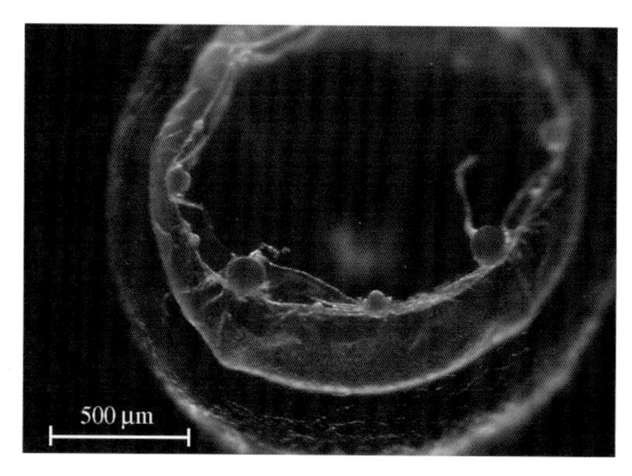

▲ 触手

奇异真唇水母 *Eucheilota paradoxica*

形态特征 伞近半球形，有时具有不明显顶突，胶质在伞顶较厚；垂管小，呈细瓶状，口有4个简单的口唇；4条窄的辐管和1条窄的环管；生殖腺位于辐管近中部；具4条空心缘触手，触手基球大，4个或更多个退化缘疣，所有触手基球和缘疣具有1~3对不同的侧丝；8个平衡囊。

采集地 北部湾近岸海域

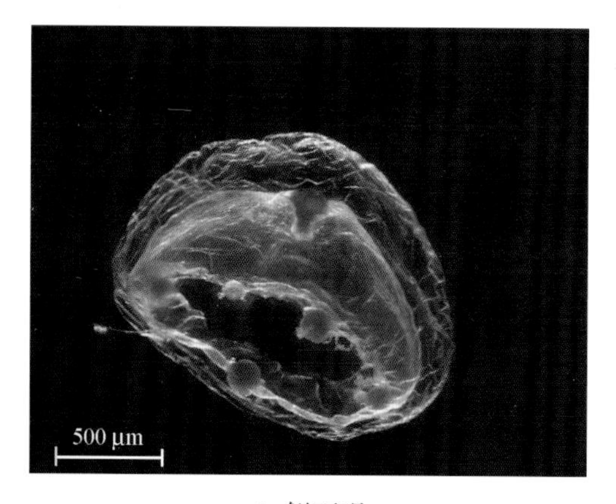

▲ 侧面观

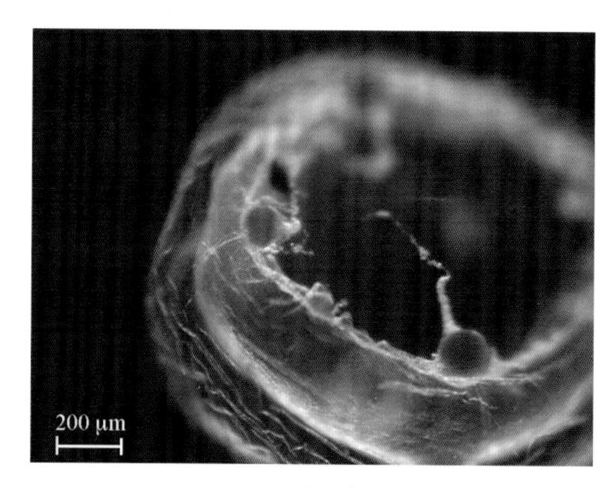

▲ 触手

贝克真唇水母 *Eucheilota bakeri*

形态特征 伞宽略大于伞高，接近半球形，伞中部胶质厚，向伞缘逐渐变薄；垂管短，为伞腔高度的 1/3~1/2，口呈方形，具有 4 个简单的口唇；4 条辐管和 1 条环管；具 8 条缘触手，主辐位 4 条，间辐位 4 条，每条触手具 2 对侧丝，8 个纵辐位缘疣，具 1 对侧丝；具 8 个平衡囊，每个平衡囊具 1 个平衡石；所有触手和缘疣均无黑色素。

采集地 北部湾近岸海域

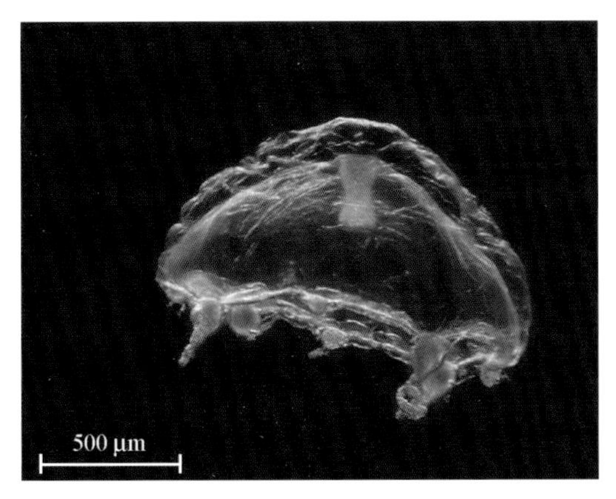

▲ 整体侧面观

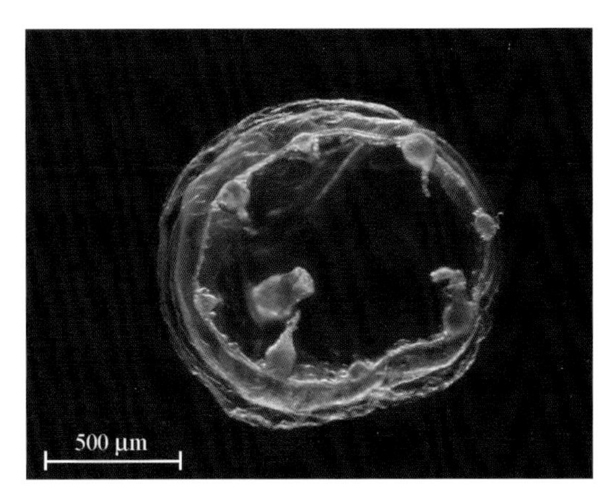

▲ 口面观

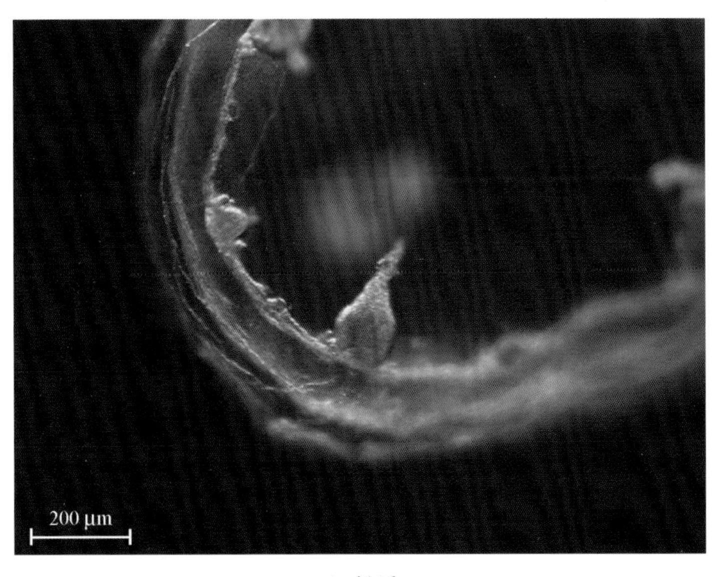

▲ 触手

管水母目 Order SIPHONOPHORAE

盛装水母科 Family Agalmatidae

性轭小型水母 *Nanomia bijuga*

形态特征 泳钟近四方形，侧翼翻向泳钟腹面。

采集地 北部湾近岸海域

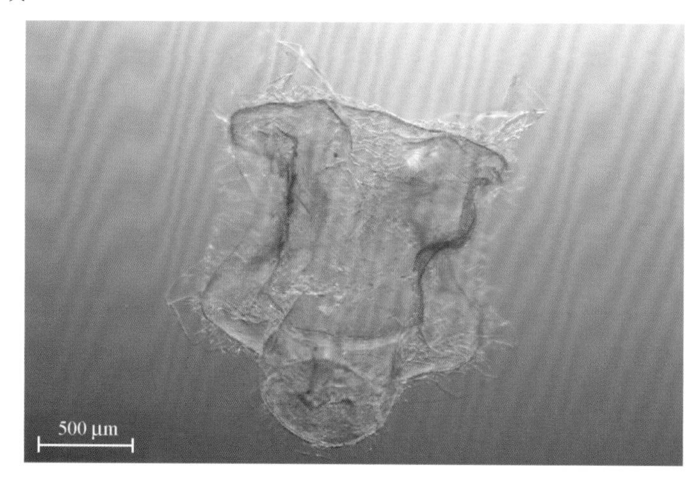

▶ 泳钟背面观

双生水母科 Family Diphyidae

拟细浅室水母 *Lensia subtiloides*

形态特征 前泳钟有 5 条纵列背突棱，都在钟顶汇合；干室很浅，体囊从干室伸出，体囊呈长椭圆形，具 1 细柄；体囊基部位于泳囊口水平之上。

采集地 北部湾近岸海域

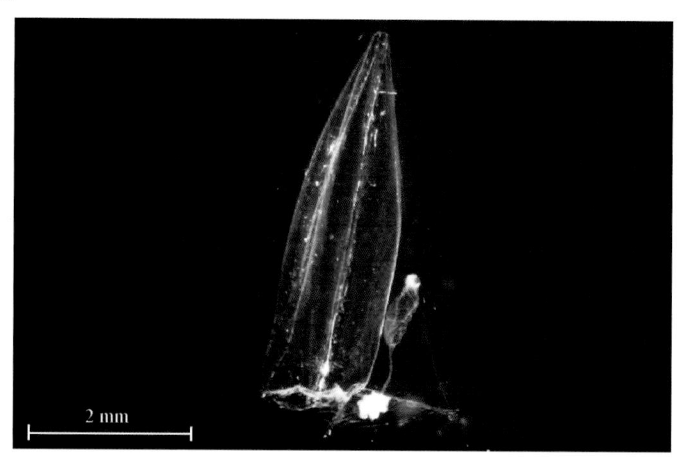

▶ 前泳钟侧面观

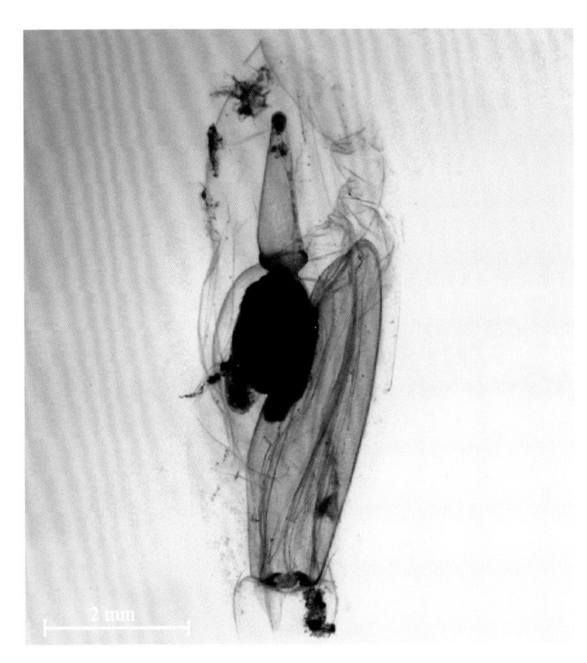

▲ 单营养体期侧面观

双生水母 *Diphyes chamissonis*

形态特征　由保护叶和生殖泳钟组成，保护叶呈桃状，顶部呈锥状，保护叶内部有1个棒状的体囊；生殖泳钟具4条纵棱，下侧囊口有2个大的背侧齿。

采集地　北部湾近岸海域

多面水母科 Family Abylidae

长棱九角水母 *Enneagonum hyalinum*

形态特征　保护叶呈截顶梯形锥体；顶面呈方形，各面凹陷明显；有4条很长的侧棱，从保护叶顶面的四角延伸到4个基角，基角末端略向上弯；背面或腹面2基角距离较大，侧面2基角距离近。

采集地　北部湾中部海域

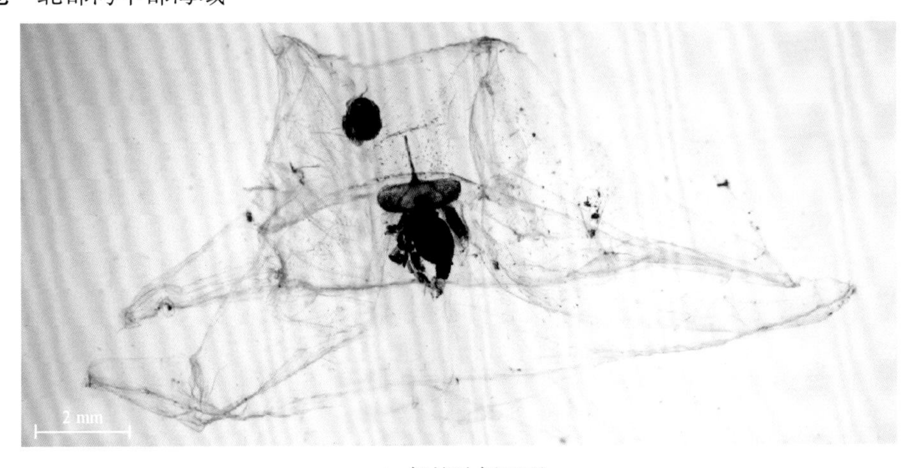

▲ 保护叶侧面观

巴斯水母 *Bassia bassensis*

形态特征 前泳钟呈短角柱状，有顶棱，7 个面，背面呈长五角形；体囊呈球状，无顶枝，位于泳囊和干室的顶上；泳囊短，不超过泳钟的 1/2；干室基部不突出。

采集地 北部湾近海海域

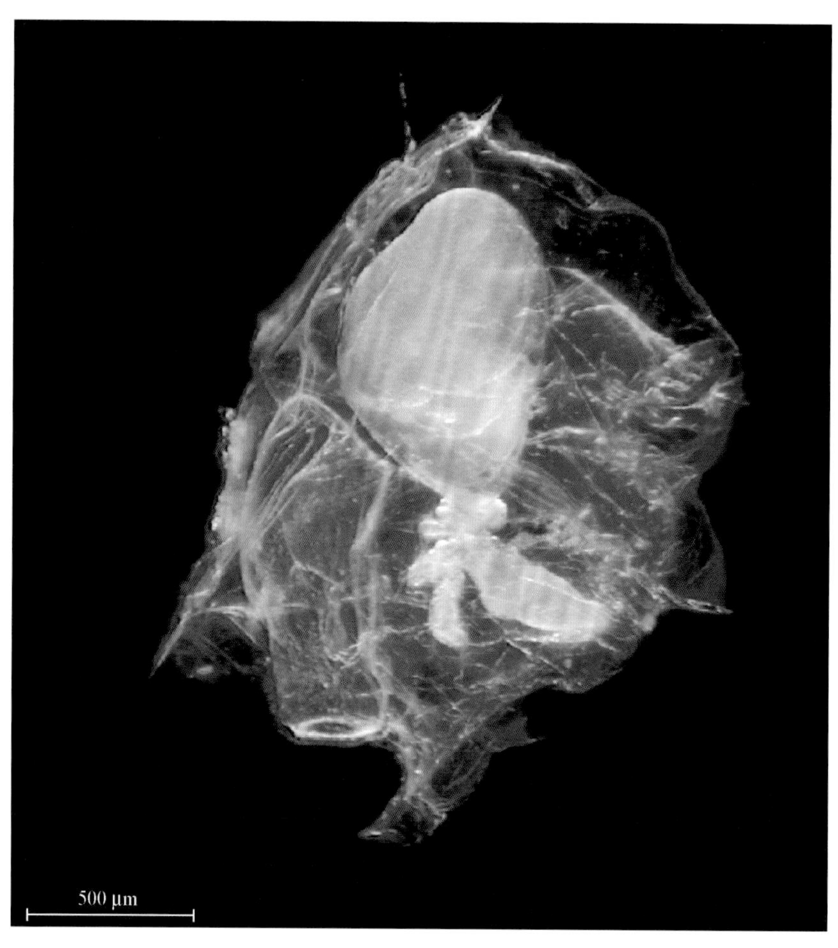

▲ 前泳钟侧面观

软体动物门

Phylum MOLLUSCA

腹足纲 Class GASTROPODA

翼足目 Order PTEROPODA

笔螺科 Family Creseidae

尖笔帽螺 *Creseis acicula*

形态特征 贝壳呈圆锥形，较粗短，直伸，横截面呈圆形，壳口微收敛，背腹缘略不等长；壳顶端具缢勒2个。

采集地 北部湾近岸海域

▲ 整体侧面观

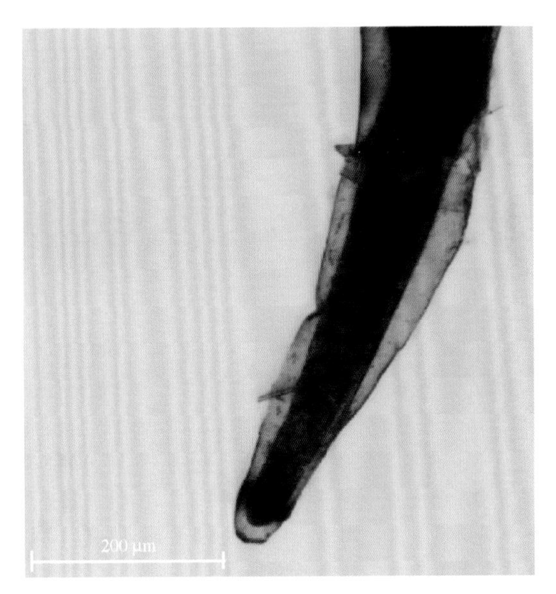

▲ 壳顶端

蝴蝶螺科 Family Desmopteridae

蝴蝶螺 *Desmopterus papilio*

形态特征　无壳，体呈圆柱形；体前部钝圆锥形；鳍盘发达，后缘（腹缘）再分成5片小叶（1片中叶及两侧各2片侧叶），内外侧叶之间生有一条带状鳍触鞭。

采集地　北部湾近岸海域

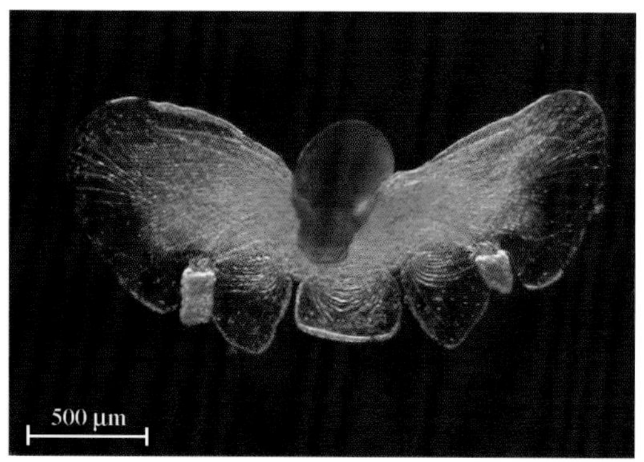

▲ 口面观

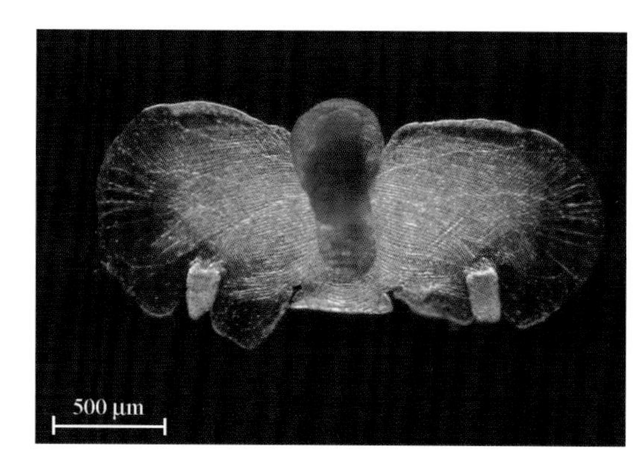

▲ 反口面观

玉黍螺目 Order LITTORINIMORPHA

明螺科 Family Atlantidae

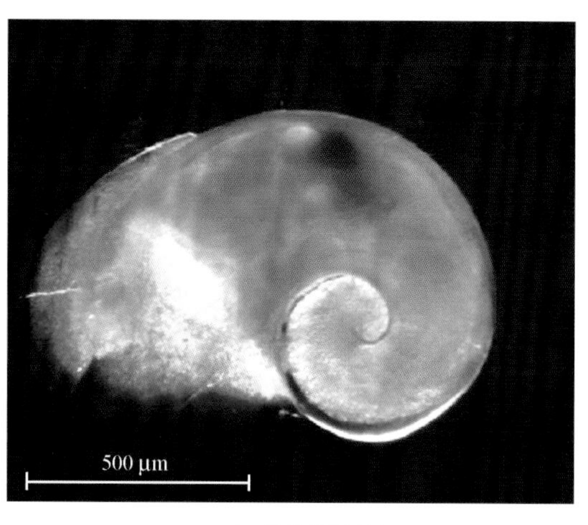

▲ 整体侧面观

明螺 *Atlanta peronii*

形态特征　贝壳扁平，透明或白垩色；塔部不超过体螺平面之上；壳冠发达，基部常形成1条褐色线。

采集地　北部湾近岸海域

原明螺 *Protatlanta souleyeti*

形态特征　贝壳略透明，生长纹明显；螺层一般 3.5 环；壳口不完整；壳冠环绕体螺层的约最末半环。

采集地　北部湾近岸海域

▲ 顶面观

▼ 底面观

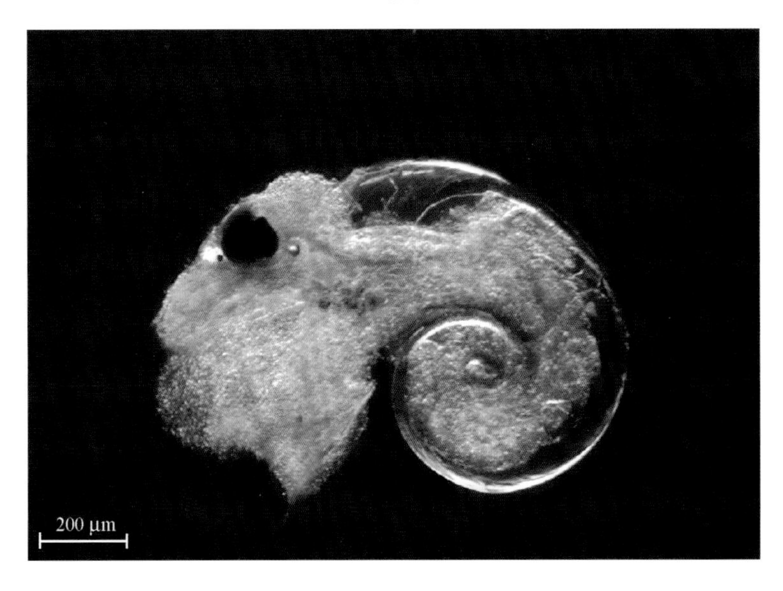

节肢动物门

Phylum ARTHROPODA

鳃足纲 Class BRANCHIOPODA

栉足目 Order CTENOPODA

仙达溞科 Family Sididae

鸟喙尖头溞 *Penilia avirostris*

体长 0.78~1.30 mm

形态特征 体近长方形，透明；壳瓣背缘稍拱起，腹缘几乎平直，后缘弯曲几乎呈“S”形；腹缘与后缘的边沿均具细棘；后腹角非常突出，延伸出一根短而粗的壳刺；头与吻部均尖突。

采集地 北部湾近岸海域

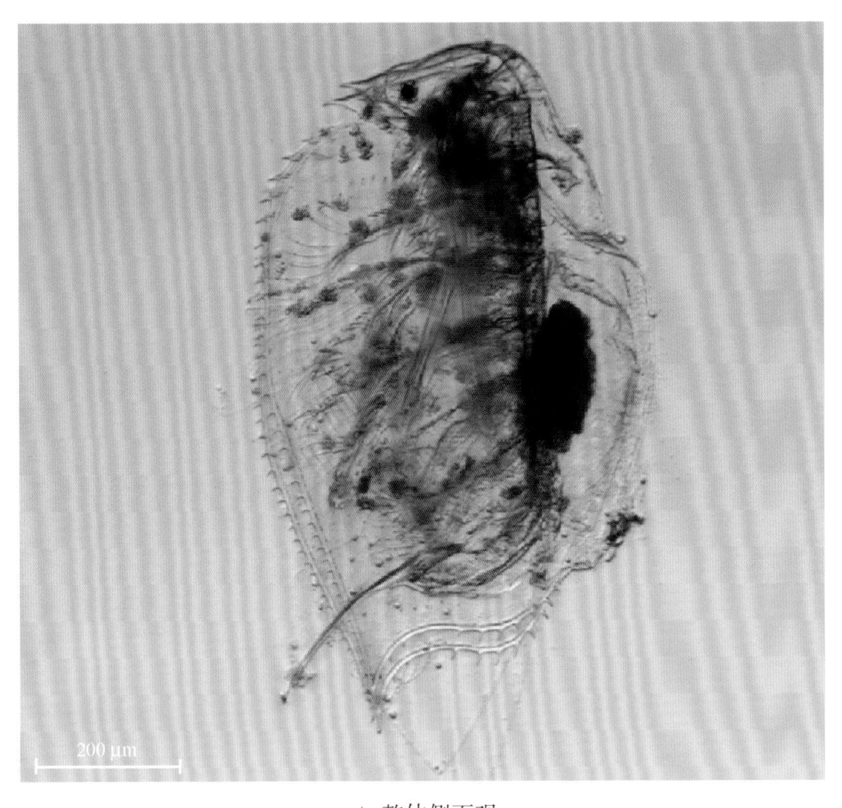

▲ 整体侧面观

钩足目 Order ONYCHOPODA

圆囊溞科 Family Podonidae

肥胖三角溞 *Pseudevadne tergestina*

体长 0.8~1.2 mm

形态特征 体呈卵圆形，顶端钝圆，复眼大，无颈沟。

采集地 北部湾近岸海域

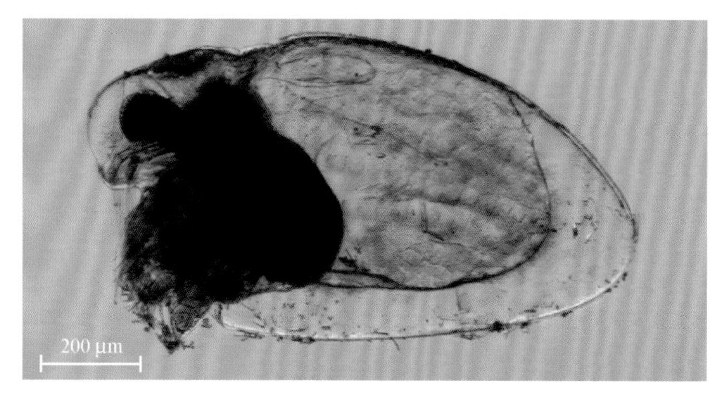

▲ 整体侧面观

史氏圆囊溞 *Pleopis schmackeri*

体长 0.45~0.65 mm

形态特征 体呈半圆形，复眼大，具有明显的颈沟，育儿囊膨大。

采集地 北部湾中部海域

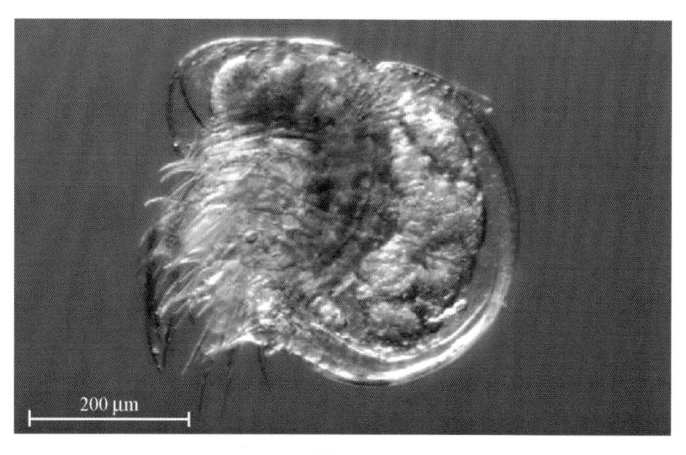

▲ 整体侧面观

桡足纲
Class COPEPODA

哲水蚤目 Order CALANOIDA

纺锤水蚤科 Family Acartiidae

刺尾纺锤水蚤 *Acartia*（*Odontacartia*）*spinicauda*

体长 1. 1~1. 6 mm（♀），1. 1~1. 2 mm（♂）

形态特征 雌性第 1 触角第 2 节前缘近端具 2 小刺，腹面有 1 钩状刺；末胸节后侧角呈刺状突起，背面后缘有 1 对小刺；生殖节长度约等于后 2 节长度之和，生殖节背缘小刺小于后节背缘小刺；尾叉长约为宽的 2. 5 倍。

采集地 北部湾近岸海域

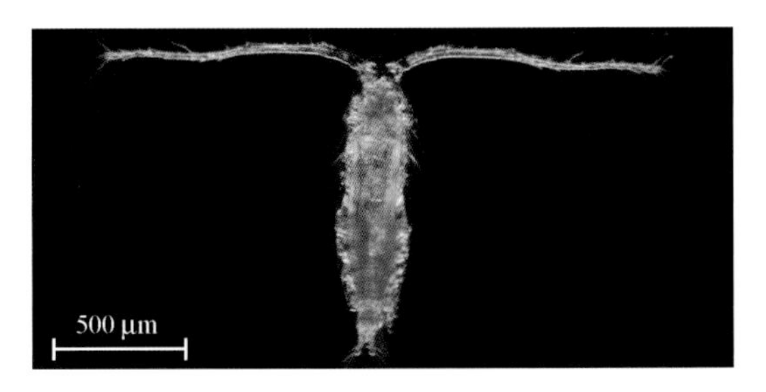

▲ 整体背面观（♀）

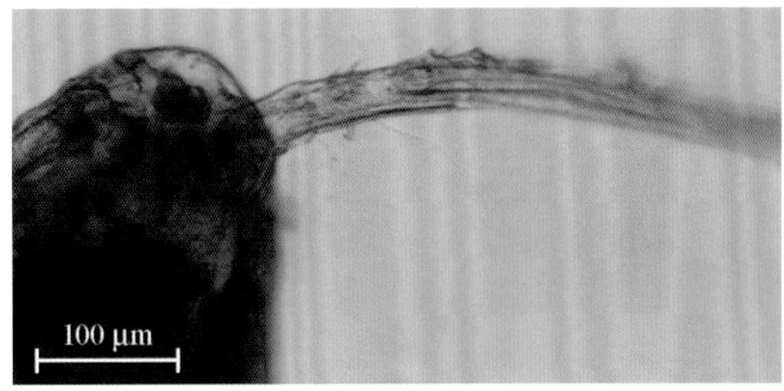

▲ 第 1 触角（♀）

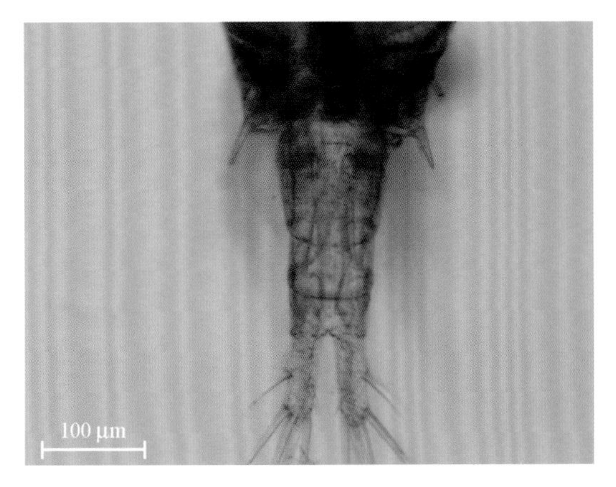

▲ 腹部背面观（♀）

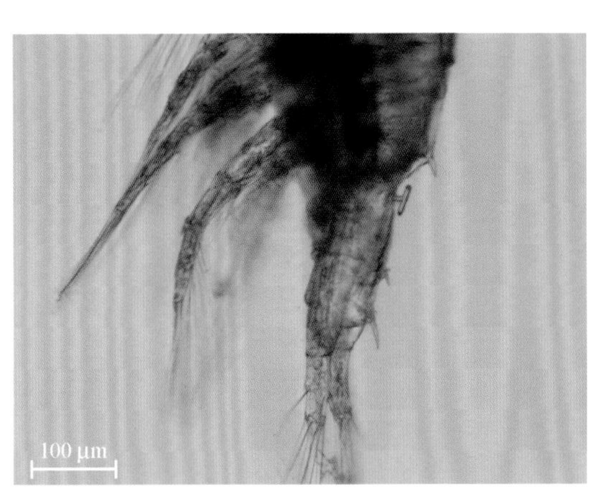

▲ 腹部侧面观（♀）

太平洋纺锤水蚤 *Acartia*（*Odontacartia*）*pacifica*

体长 1.2~1.6 mm（♀），1.0~1.3 mm（♂）

形态特征 雌性末胸节后侧角刺突粗大，一般可长达生殖节中部；生殖节较长，长度约等于后 2 节长度之和；第 5 胸足末节呈长刺状。雄性末胸节后侧角尖小；第 5 胸足不对称，右足末节狭长，呈钩状。

采集地 北部湾近岸海域

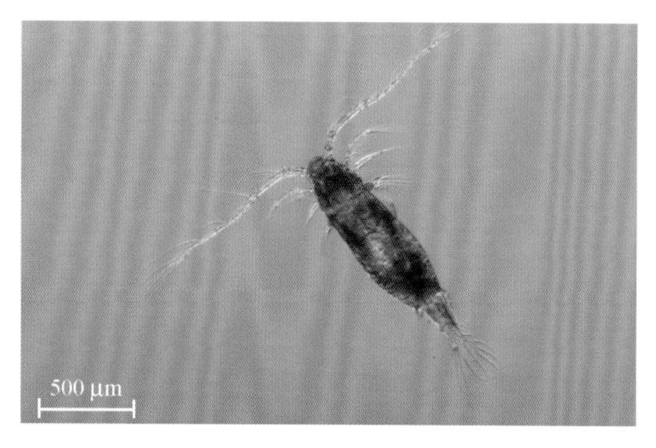

▲ 整体背面观（♀）

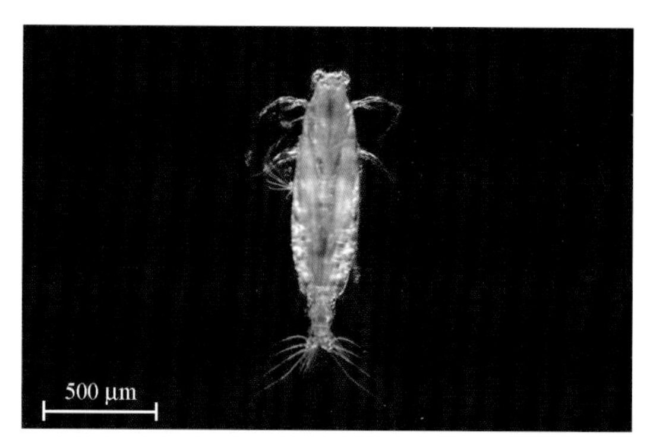

▲ 整体背面观（♂）

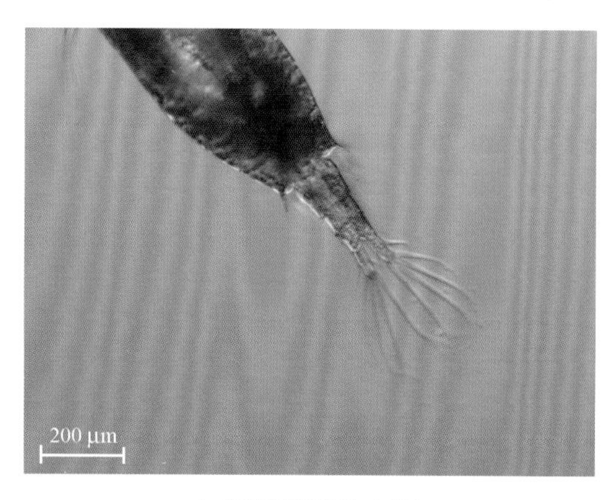

▲ 腹部背面观（♀）

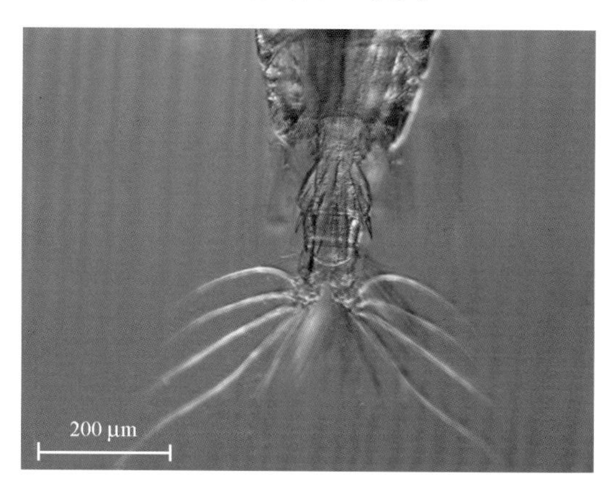

▲ 腹部背面观（♂）

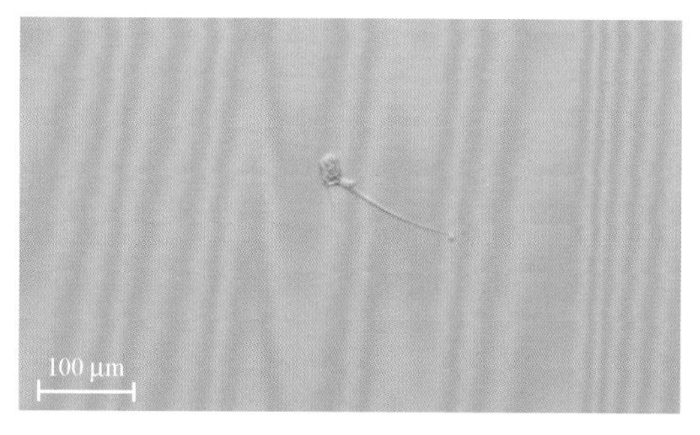

▲ 第 5 胸足（♀）

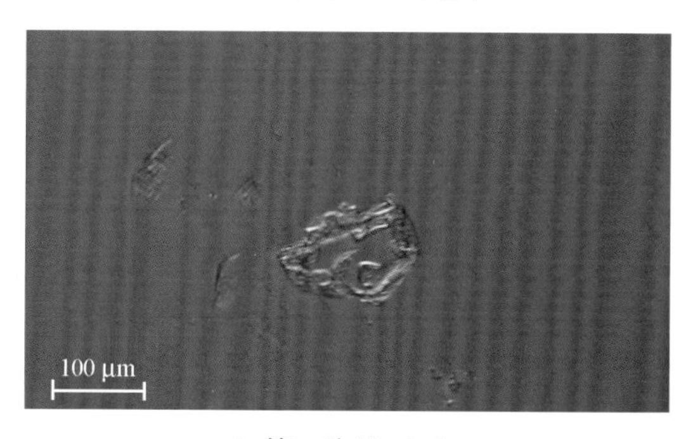

▲ 第 5 胸足（♂）

红纺锤水蚤 *Acartia*（*Odontacartia*）*erythraea*

体长 1.1~1.5 mm（♀），1.1~1.4 mm（♂）

形态特征 雌性第 1 触角第 1 节末缘具 2 刺；生殖节长度为后 2 节之和，具 2 小刺；尾叉宽短，呈方形。雄性生殖节呈六边形，背缘具 4 小刺，内侧刺大于外侧刺；第 2 腹节宽大，后侧缘各具 2 小刺突。

采集地 北部湾近岸海域

▲ 整体背面观（♀）

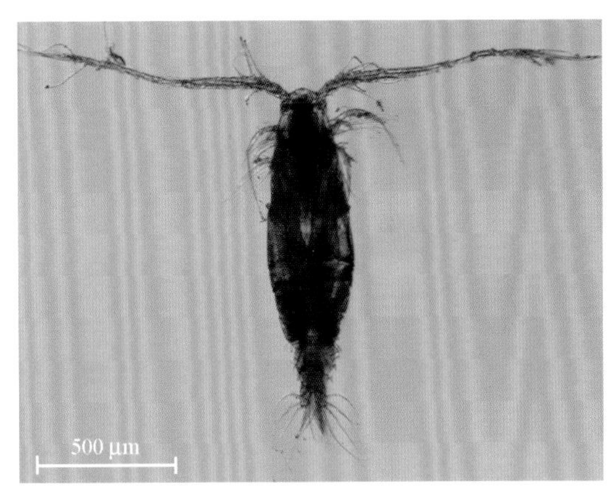

▲ 整体背面观（♂）

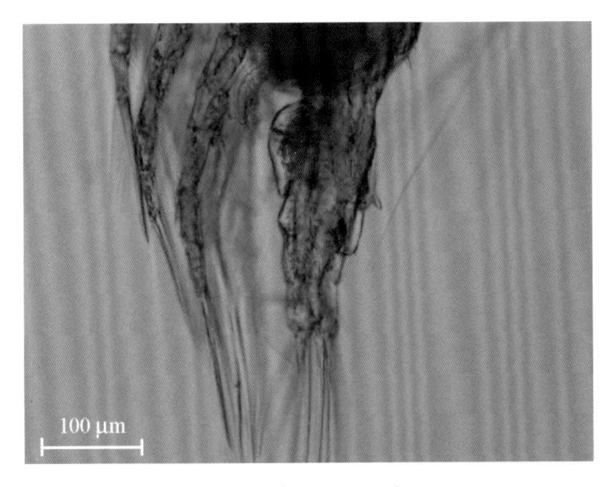

▲ 腹部侧面观（♀）

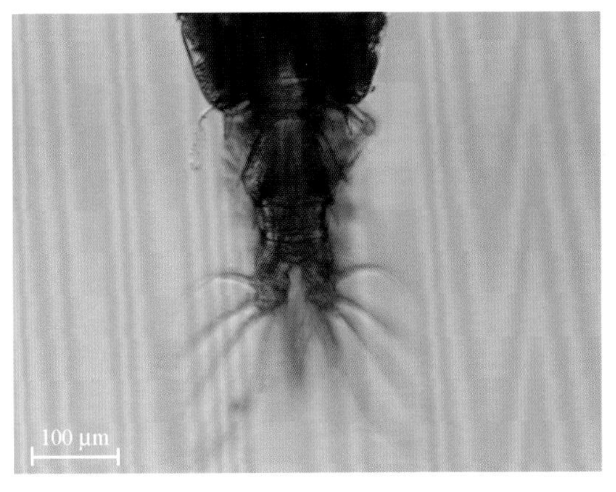

▲ 腹部背面观（♂）

中华异水蚤 *Acartiella sinensis*

体长 1.3~1.4 mm（♀），1.1~1.2 mm（♂）

形态特征 雄性腹部狭长，尾叉长为宽的 6 倍；第 5 胸足不对称，左足第 2 节内缘突出，呈三角状，其顶端具 1 钩状刺突，末节呈锥状，右足第 2 节内缘具 1 锥状突，第 3 节内缘具 1 指状突，末端具 1 粗刺。

采集地　北部湾近岸海域

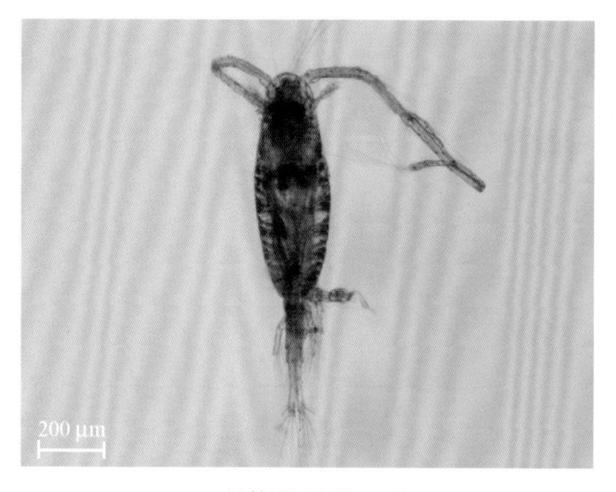

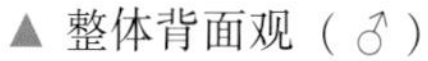
▲ 整体背面观（♂）

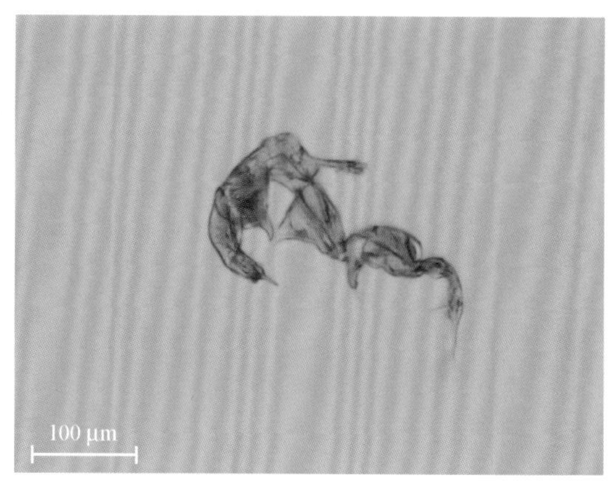

▲ 第 5 胸足（♂）

亮羽水蚤科 Family Augaptilidae

长角全羽水蚤 *Haloptilus longicornis*

体长　2 mm（♀）

形态特征　头部前端宽圆，其中央具 1 小突起，生殖节两侧较膨大。雌性第 5 胸足左、右足第 2 基节内缘具 1 小突起，右足还具 1 长刺突。

采集地　北部湾南部海域

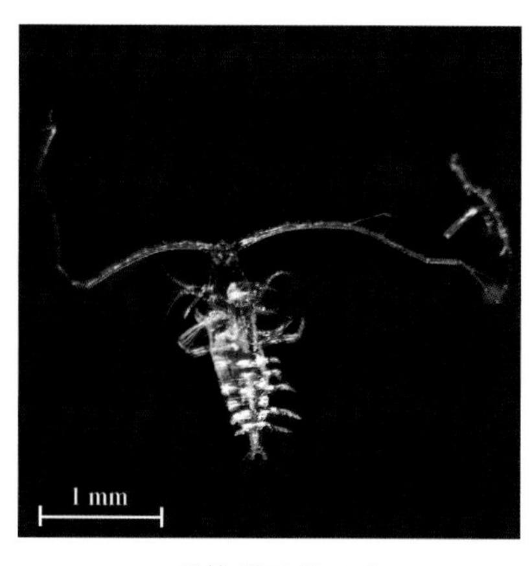

▲ 整体背面观（♀）

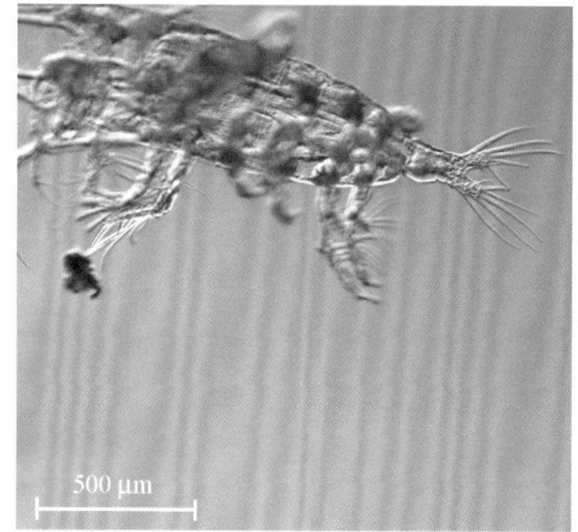

▲ 腹面观（♀）

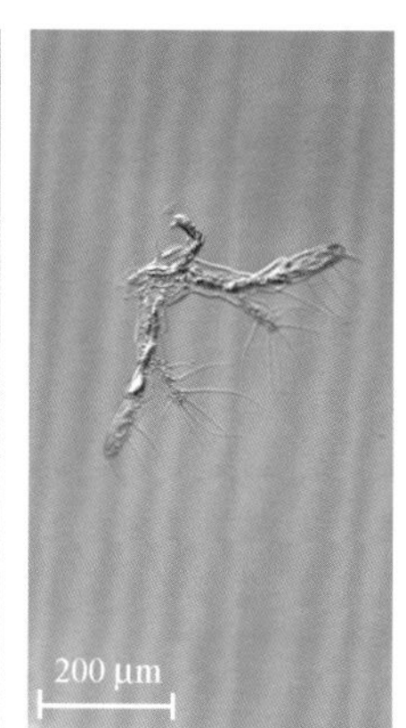

▲ 第 5 胸足（♀）

哲水蚤科 Family Calanidae

中华哲水蚤 *Calanus sinicus*

体长 2.1~3.5 mm（♀），2.0~3.5 mm（♂）

形态特征 雌性头胸部呈长椭圆形；额部前端突出，呈钝三角形；胸部后侧角背面观钝突，侧面观宽圆；第1触角较长，末2~3节超过尾叉；第5胸足左右对称。

采集地 北部湾近岸海域

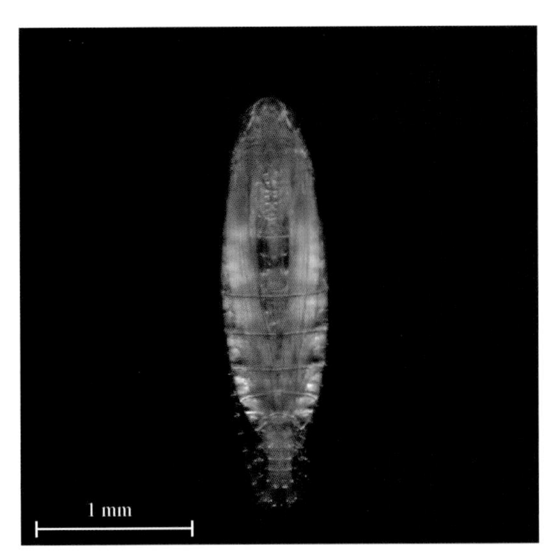

▲ 整体背面观（♀）

▲ 整体侧面观（♀）

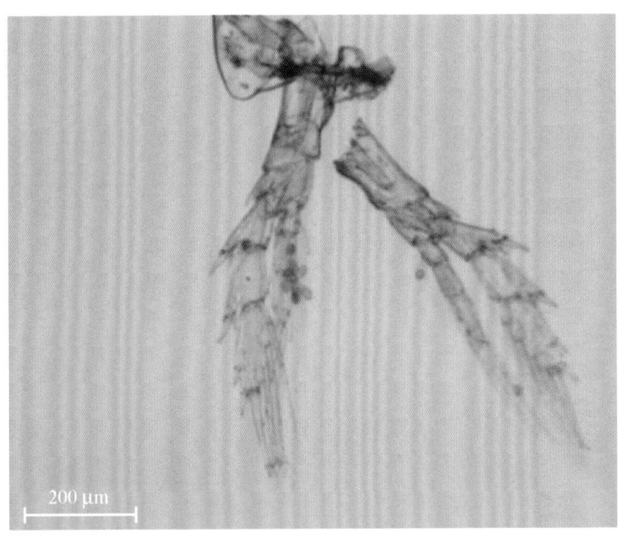

▲ 第5胸足（♀）

微刺哲水蚤 *Canthocalanus pauper*

体长 1.5~1.6 mm（♀），1.3~1.6 mm（♂）

形态特征 额部前端钝圆，胸部后侧角突出而短小。雄性第5胸足不对称，左足第2节外末缘具1长刺毛，其内部呈瘤状突起，末节折向外侧。

采集地 北部湾近岸海域

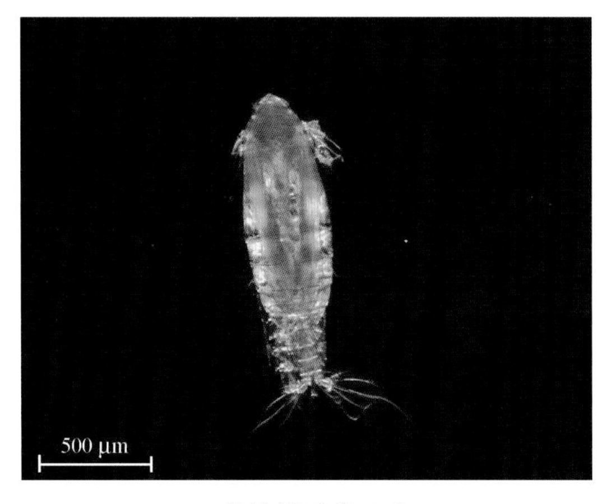

▲ 整体背面观（♂）

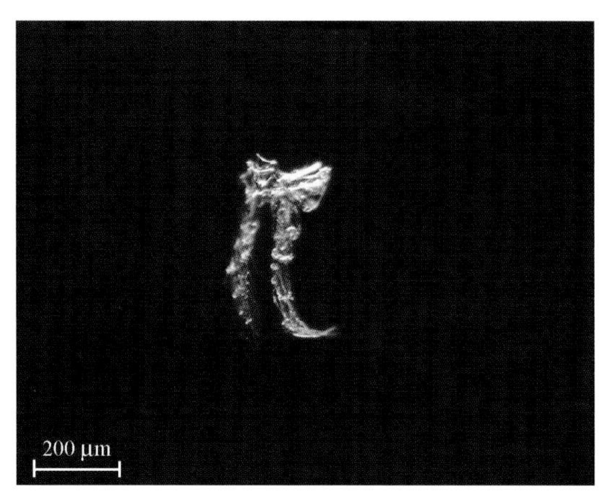

▲ 第5胸足（♂）

达氏筛哲水蚤 *Cosmocalanus darwini*

体长 1.8~2.3 mm（♀），1.8~2.2 mm（♂）

形态特征 额部前端宽圆，胸部后侧角短钝且稍不对称。雄性第5胸足很不对称，左足很发达，分3节，末2节形成螯状，右足短小。

采集地 北部湾近海海域

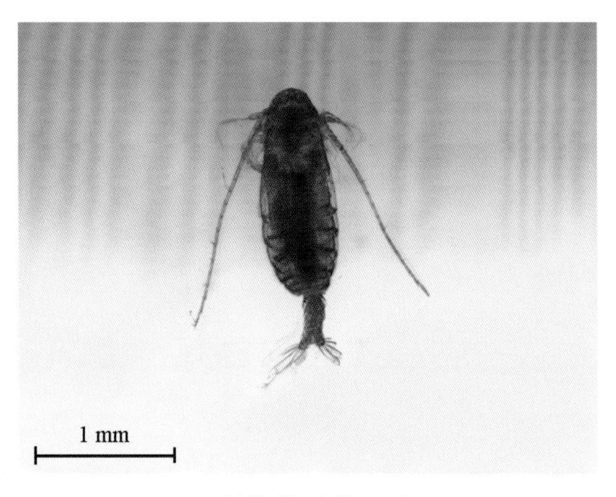

▲ 整体背面观（♂）

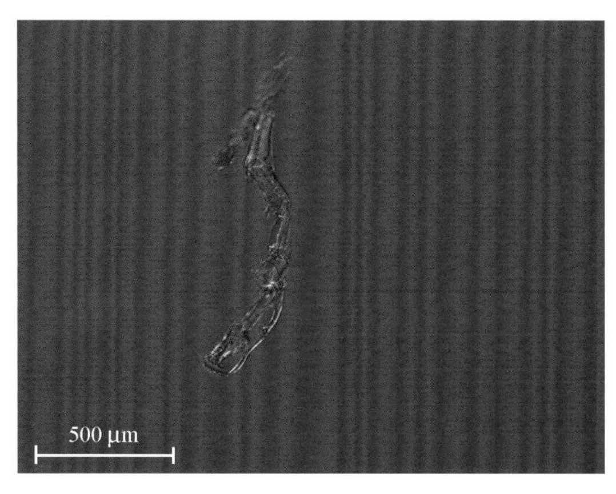

▲ 第5胸足（♂）

小哲水蚤 *Nannocalanus minor*

体长 1.6~2.4 mm（♀），1.5~2.0 mm（♂）

形态特征 胸部后侧角背面观尖长，可达生殖节中部。雄性第 5 胸足不对称，左足稍长大，外肢第 1、第 2 节较粗大，外末角各具 1 长刺，末节短小，呈锥状，末端具 1 长刺。

采集地 北部湾近岸海域

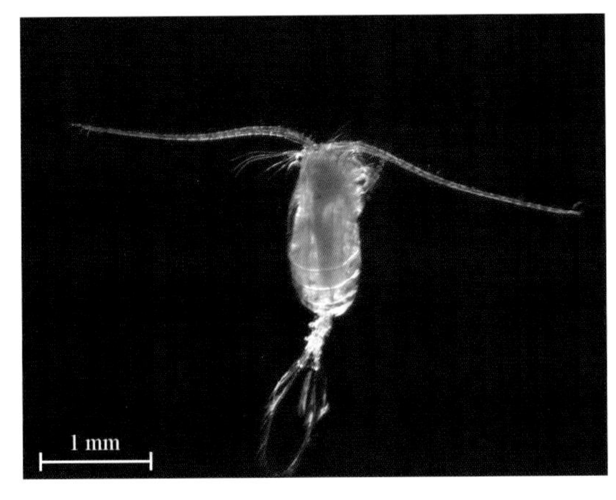

▲ 整体背面观（♂）

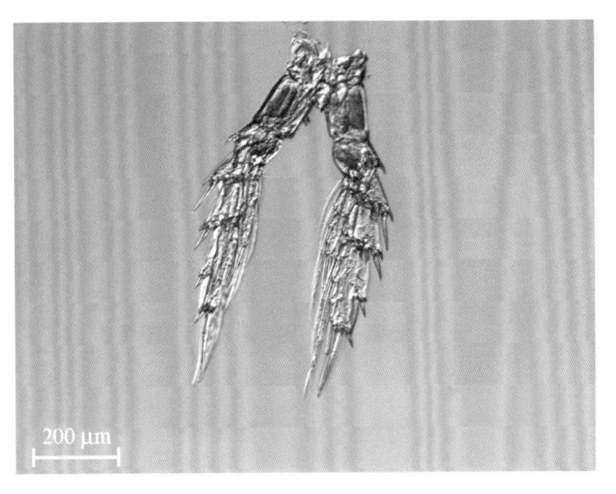

▲ 第 5 胸足（♂）

普通波水蚤 *Undinula vulgaris*

体长 2.8~3.0 mm（♀），2.3~2.7 mm（♂）

形态特征 雌性末胸节后侧角具刺状突；第 5 胸足第 1 基节内缘无细齿。雄性后侧角钝圆；第 5 胸足很不对称，左足非常发达，单肢型，第 1、第 2 节细长，呈臂状；右足短小，内、外肢各分 3 节，外肢第 2 节的外末角具 1 长刺，末节较狭长。

采集地 北部湾近海海域

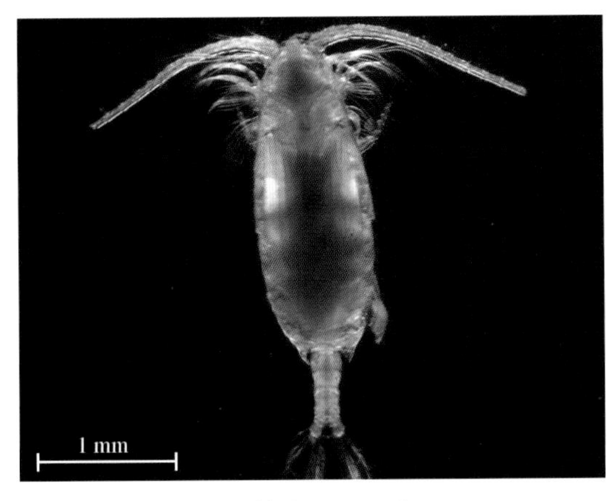

▲ 整体背面观（♀）

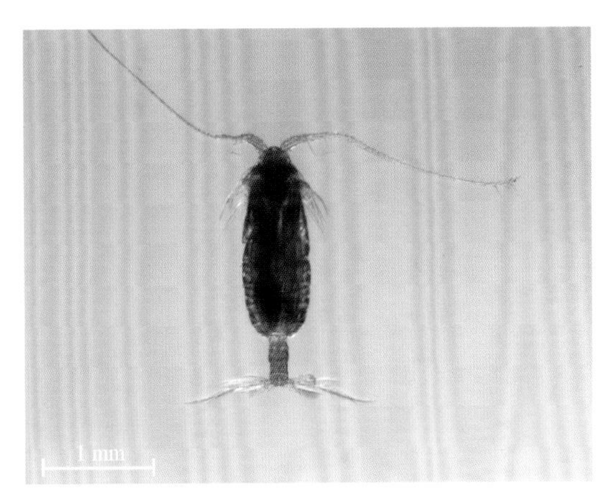

▲ 整体背面观（♂）

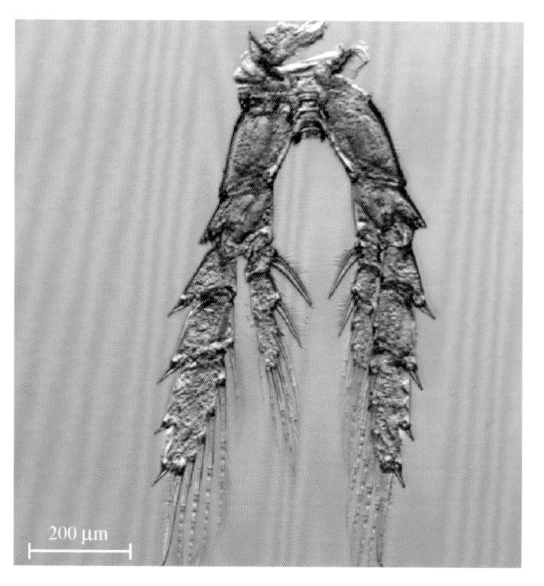

▲ 第 5 胸足（♀）

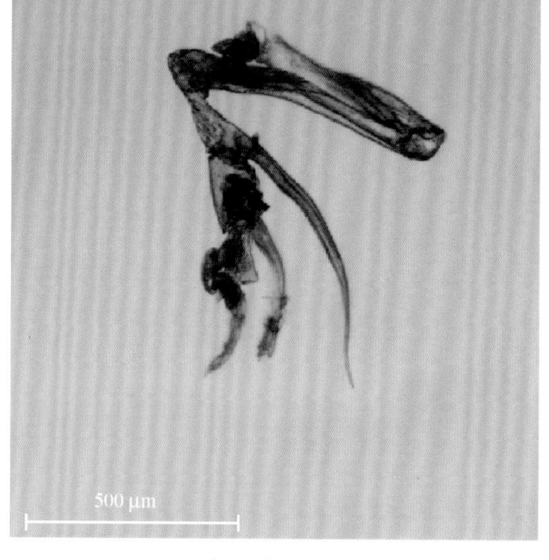

▲ 第 5 胸足（♂）

丽哲水蚤科 Family Calocalanidae

孔雀丽哲水蚤 *Calocalanus pavo*

体长　0. 8~1. 3 mm（♀），0. 6~1. 1 mm（♂）

形态特征　雌性头胸部呈长卵圆形，额部前端突出；腹部生殖节宽大，肛节长大；左、右尾叉明显远离，尾叉长约为宽的 1. 6 倍。

采集地　北部湾中部海域

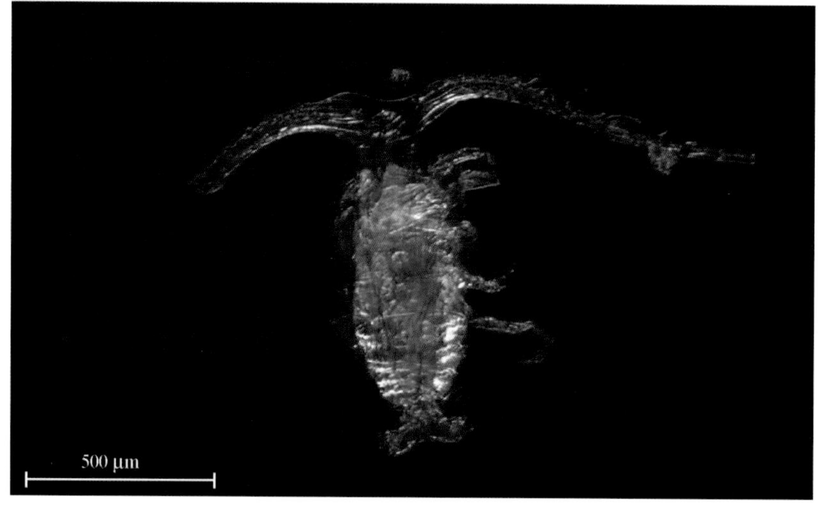

▲ 整体背面观（♀）

羽丽哲水蚤 *Calocalanus plumulosus*

体长 0.9~1.2 mm（♀），0.7~0.9 mm（♂）

形态特征 雌性头胸部较狭长，额部前端较钝圆；生殖节膨大，呈球状；尾叉宽短，尾刚毛不对称；第5胸足近对称，分4节，第2、第3节短小，末节长大。

采集地 北部湾中部海域

▲ 整体背面观（♀）

▲ 整体侧面观（♀）

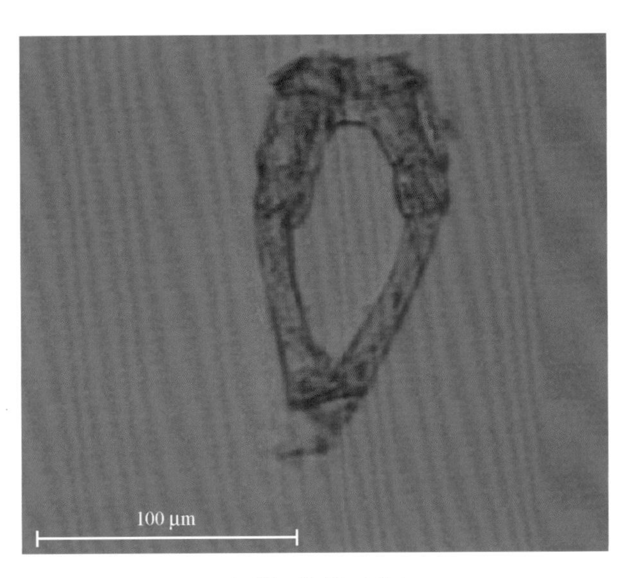

▲ 第5胸足（♀）

瘦丽哲水蚤 *Calocalanus gracilis*

体长 0.6~0.7 mm（♀），0.6~1.1 mm（♂）

形态特征 雄性头胸部较狭长，额部前端稍突出；腹部生殖节宽大，呈球状；肛节长大，近方形；尾叉短小，呈方形。

采集地 北部湾中部海域

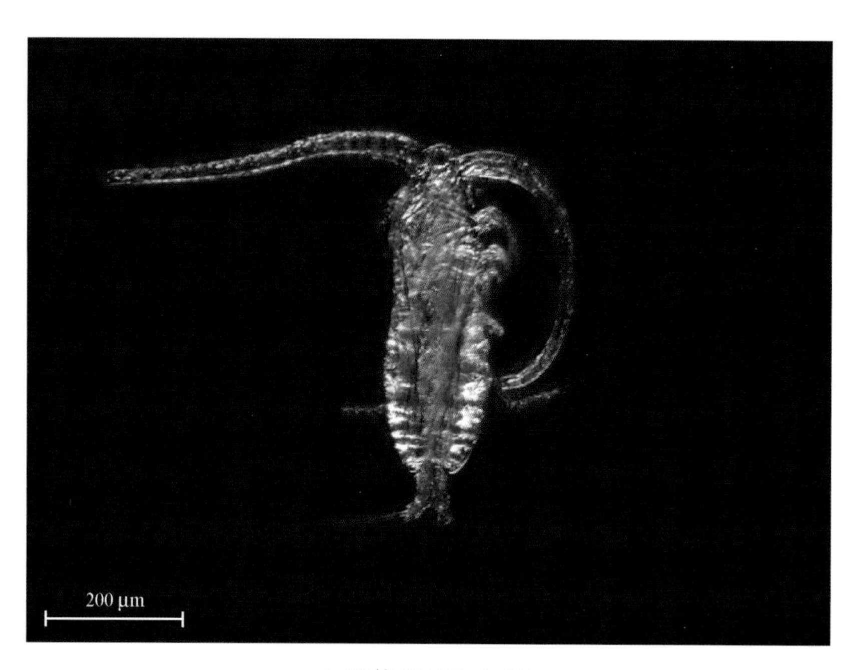

▲ 整体背面观（♂）

平头水蚤科 Family Candaciidae

伯氏平头水蚤 *Candacia bradyi*

体长 1.9~2.3 mm（♀），1.7~1.9 mm（♂）

形态特征 胸部后侧角尖锐且对称。雌性腹部生殖节稍不对称，第 2 腹节右侧稍隆起；第 5 胸足单肢型且对称，末节有 3 个短小外缘刺及 2 个内缘长刚毛，末节顶端具 1 刺突。

采集地 北部湾近岸海域

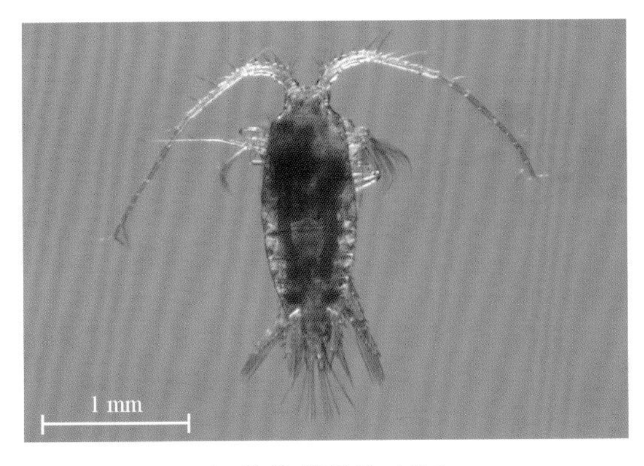

▲ 整体背面观（♀）

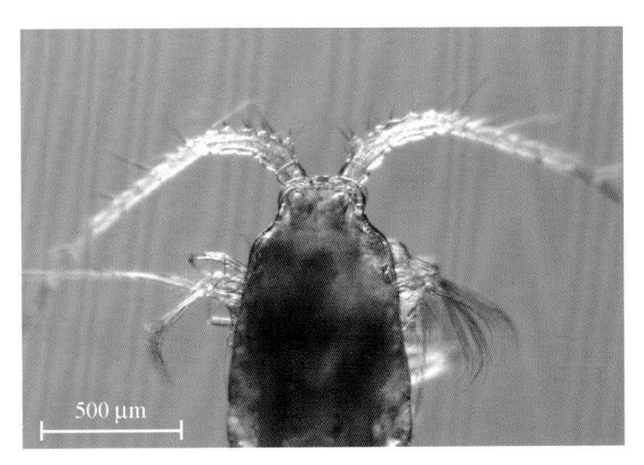

▲ 头部背面观（♀）

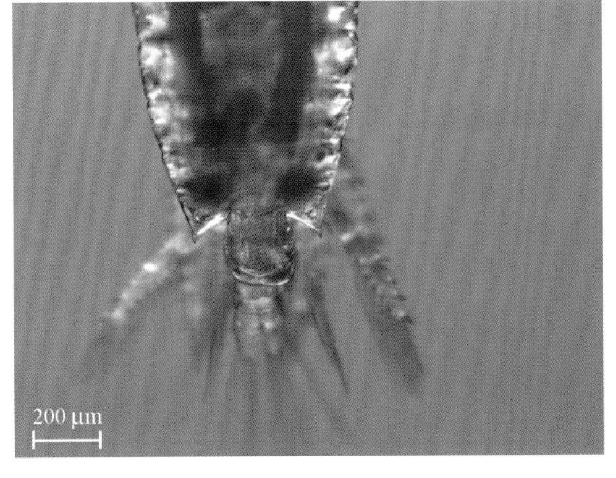

▲ 腹部背面观（♀）

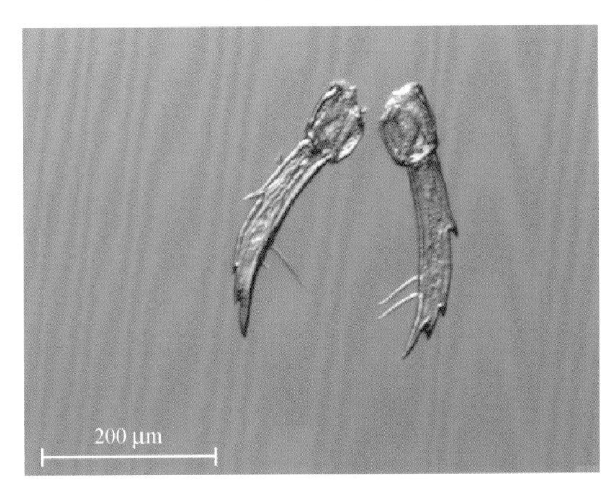

▲ 第 5 胸足（♀）

幼平头水蚤 *Candacia catula*

体长 1.4~1.7 mm（♀），1.3~1.6 mm（♂）

形态特征 雄性胸部后侧角尖小而对称；腹部生殖节短小，第 2、第 3 节近等长的正方形；第 5 胸足不对称，右足分 4 节，第 3 节很狭长，末端具 2 个不等长刺，右足末 2 节呈螯状。

采集地 北部湾近海海域

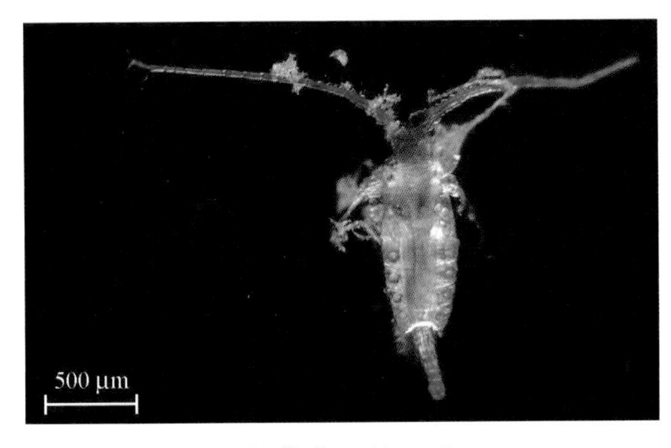

▲ 整体背面观（♂）

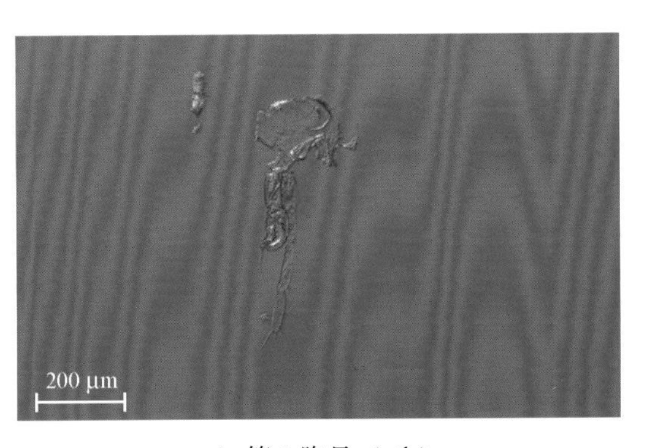

▲ 第 5 胸足（♂）

厚指平头水蚤 *Candacia pachydactyla*

体长 2.5~3.1 mm（♀），2.3~3.1 mm（♂）

形态特征 头胸部背面各节之间具褐色斑纹。雌性胸部后侧角尖锐，短小且对称；生殖节不对称，两侧各具1粗刺突，右刺突较长。

采集地 北部湾中部海域

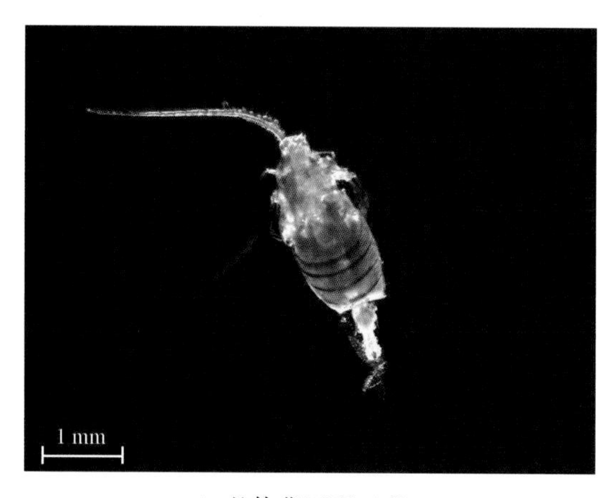

▲ 整体背面观（♀）

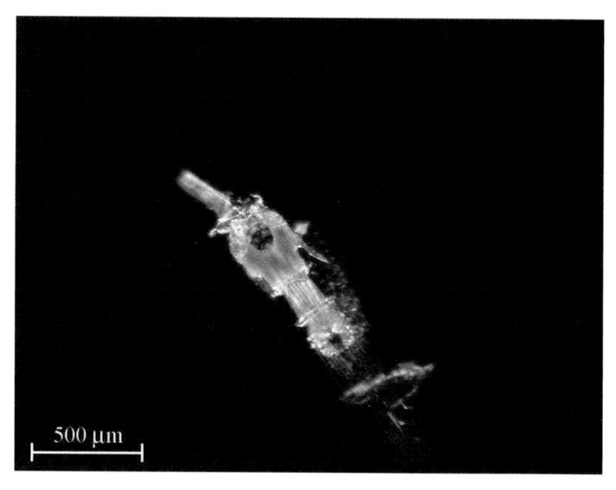

▲ 腹部腹面观（♀）

截平头水蚤 *Candacia truncata*

体长 1.9~2.2 mm（♀），2.0~2.3 mm（♂）

形态特征 雄性胸部后侧角尖小而对称；侧面观，腹部弯曲；右第1触角为执握肢，第16节和第19节前末部具1长刺突。

采集地 北部湾中部海域

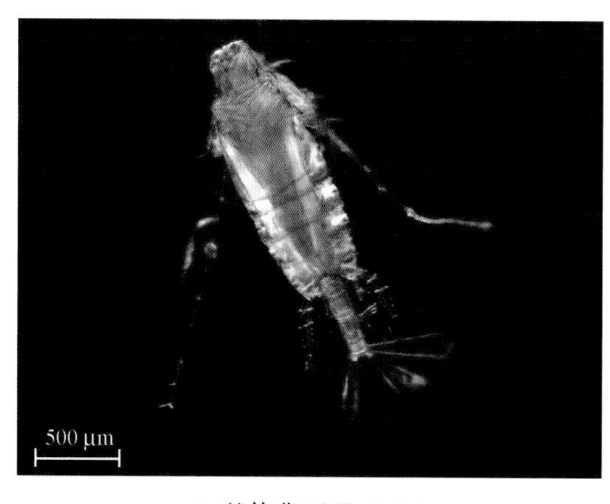

▲ 整体背面观（♂）

▲ 整体侧面观（♂）

▲ 腹部背面观（♂）

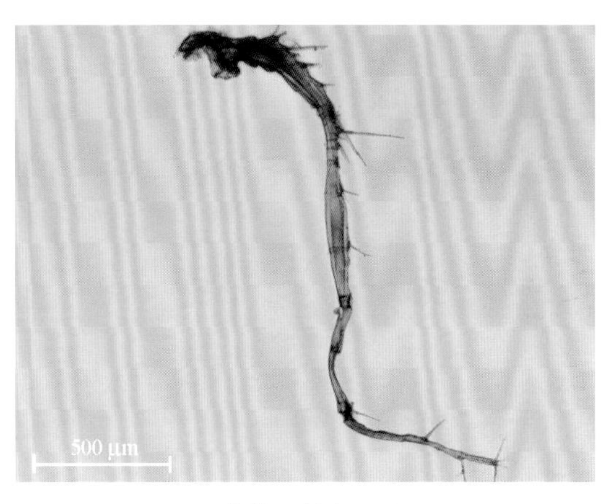

▲ 右第 1 触角（♂）

胸刺水蚤科 Family Centropagidae

奥氏胸刺水蚤 *Centropages orsinii*

体长　1. 4~1. 7 mm（♀），2. 1~3. 5 mm（♂）

形态特征　额部前端较狭而钝突。雌性胸部后侧角长而尖锐，其右侧刺稍长于左侧刺；生殖节较长大，左右对称；尾叉长约为宽的 2 倍；第 5 胸足基本对称，内、外肢各分 3 节，外肢第 2 节内缘的刺状突起粗大，远端部各具很多小刺，左足内缘的突起末端有分叉现象。

采集地　北部湾近岸海域

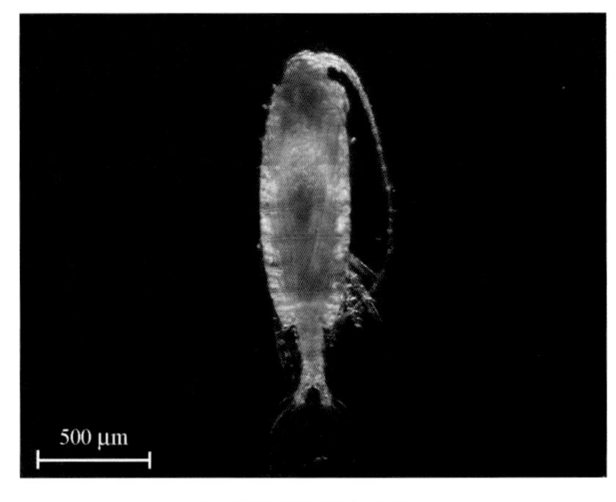

▲ 整体背面观（♀）

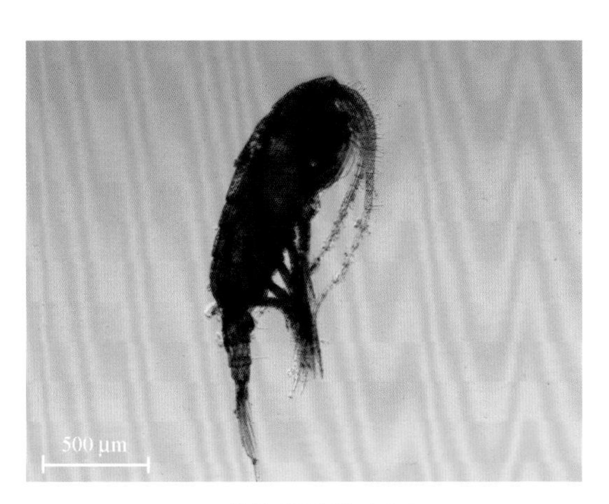

▲ 整体侧面观（♀）

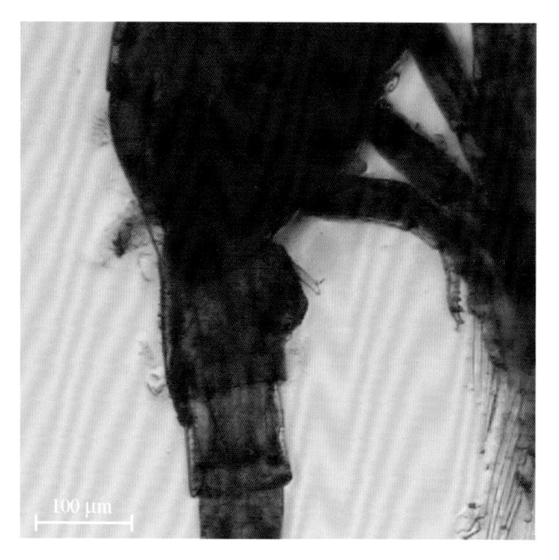

▲ 腹部侧面观（♀）

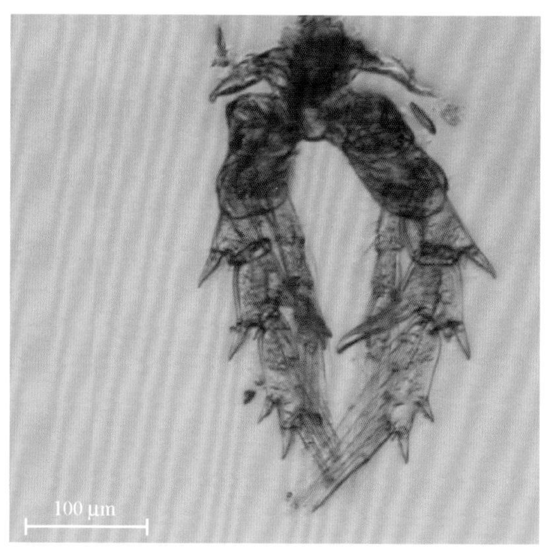

▲ 第 5 胸足（♀）

背针胸刺水蚤 *Centropages dorsispinatus*

体长　1.0~1.3 mm（♀），1.1~1.2 mm（♂）

形态特征　雌性头胸部较胖大，额部前端宽圆；头节的后缘背面中央有 1 个指向后方的刺状突起，末端向内弯曲；胸部后侧角尖锐且对称，内侧后缘较宽而稍突出；生殖节膨大，呈球状，两侧中部各有 1 丛细毛；尾叉对称，长约为宽的 2.5 倍；第 5 胸足对称。

采集地　北部湾近海海域

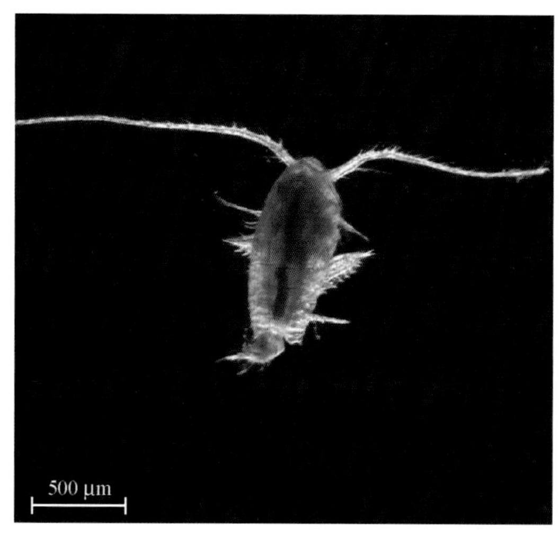

▲ 整体背面观（♀）

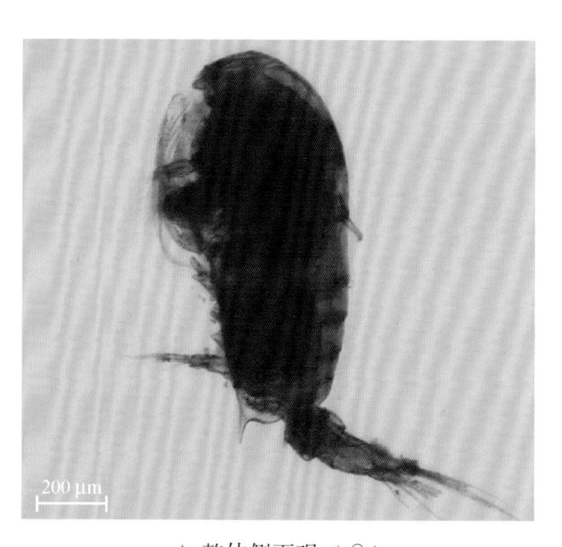

▲ 整体侧面观（♀）

▲ 腹部背面观（♀）

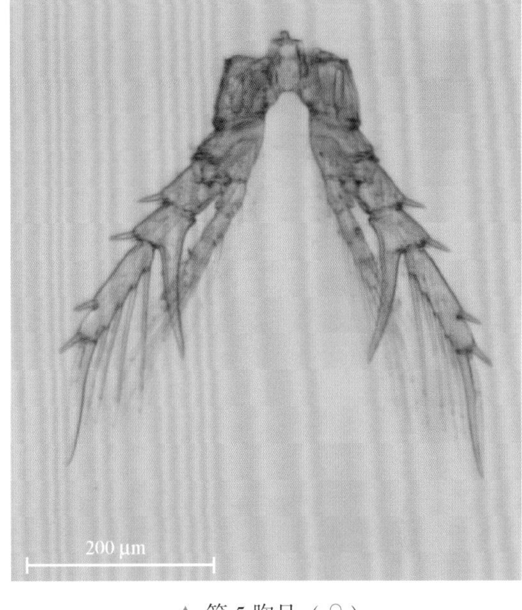

▲ 第 5 胸足（♀）

叉胸刺水蚤 *Centropages furcatus*

体长 1. 4~1. 8 mm（♀），2. 1~3. 5 mm（♂）

形态特征 雌性额部前端截平；头部与第 1 胸节愈合；胸部后侧角尖锐，左右对称，内侧另具 1 小刺突；尾叉长约为宽的 5 倍；生殖节近方形，两侧稍膨大、对称。

采集地 北部湾近岸海域

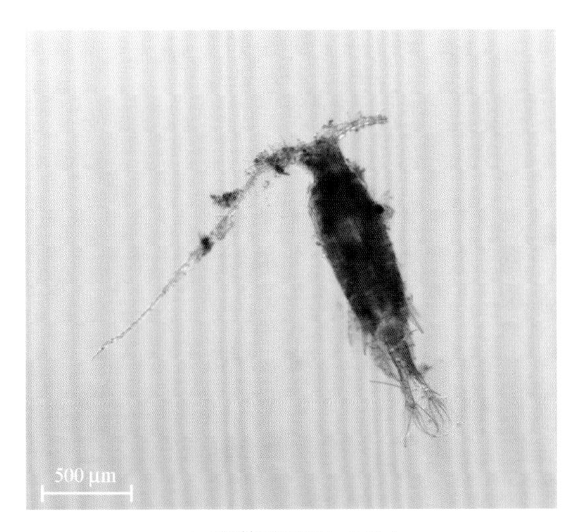

▲ 整体背面观（♀）

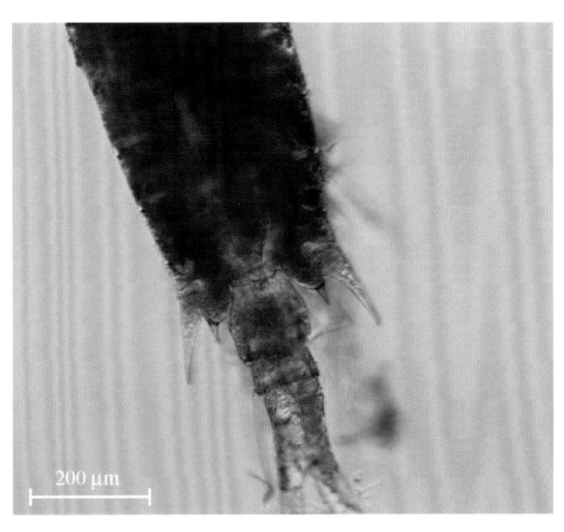

▲ 腹部背面观（♀）

腹针胸刺水蚤 *Centropages abdominalis*

体长 1.3~2.1 mm（♀），1.2~1.6 mm（♂）

形态特征 雌性头部前端较狭而钝圆；胸部后侧角尖锐而不对称，左侧刺短小，右侧刺粗大并指向外侧；生殖节不对称，右侧膨大，左、右缘均具数丛小刺毛，腹面生殖节突具 1 指向后方的大钩刺；尾叉长约为宽的 3 倍，左叉较右叉稍长。

采集地 北部湾近海海域

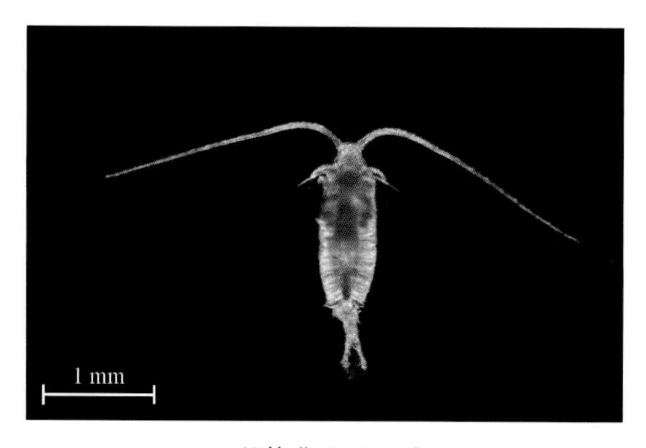

▲ 整体背面观（♀）

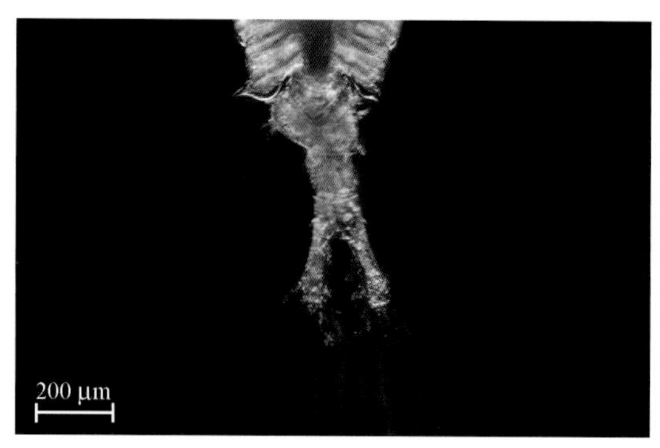

▲ 腹部背面观（♀）

瘦尾胸刺水蚤 *Centropages tenuiremis*

体长 1.4~1.8 mm（♀），1.2~1.8 mm（♂）

形态特征 雌性额部较狭长而钝圆；头部与第 1 胸节愈合；胸部后侧角呈长刺状，右刺稍长于左刺；生殖节稍不对称，左侧基部稍突出；第 5 胸足不对称，左足外肢第 2 节内刺较短小且光滑，右足外肢仅分 2 节，第 1 节内缘具 1 弯向后方的粗刺突，内肢第 2 节表面密布细毛。

采集地 北部湾近岸海域

▲ 整体背面观（♀）

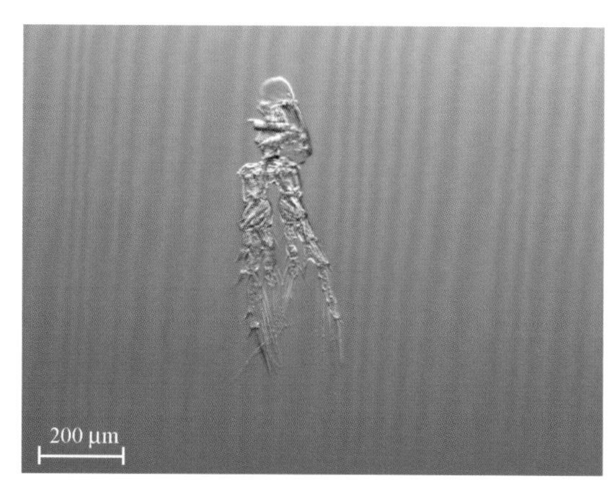

▲ 第 5 胸足（♀）

哲胸刺水蚤 *Centropages calaninus*

体长 1.8~2.2 mm（♀），1.7~2.1 mm（♂）

形态特征 头部前端较狭并具1小突起；胸部后侧角钝圆且对称。雌性生殖节宽短且近对称；肛节长大且不对称，右侧末缘腹面具1片状突；尾叉不对称，右叉较粗大。雄性第5胸足不对称，右足具1显著向内弯折的长刺突，左足具2弯曲长刺。

采集地 北部湾南部海域

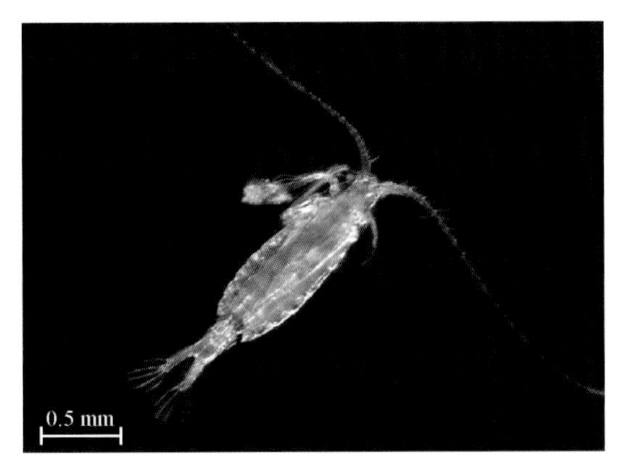

▲ 整体背面观（♀）

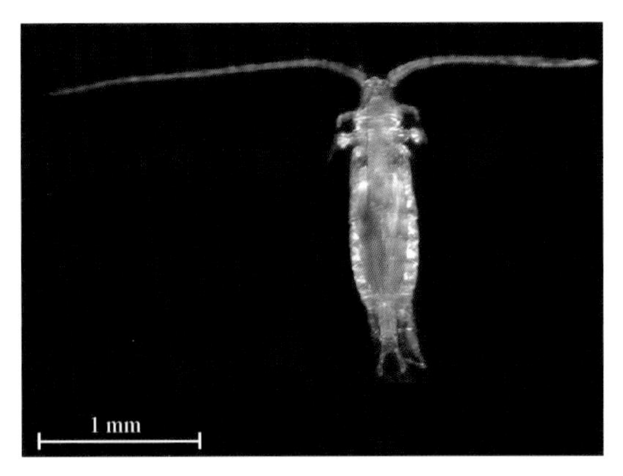

▲ 整体背面观（♂）

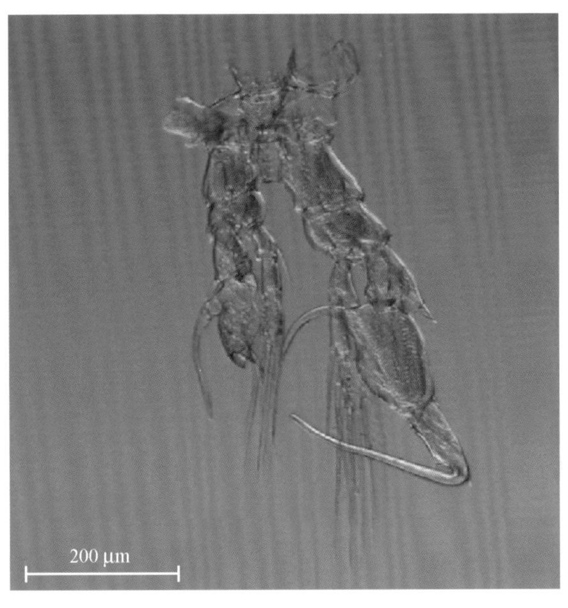

▲ 第5胸足（♂）

长胸刺水蚤 *Centropages elongatus*

体长 1.7~1.9 mm（♀），1.7~1.8 mm（♂）

形态特征 雌性头部前端较狭小，前额具1小突起；胸部后侧角钝圆且对称；尾叉长约为宽的4倍；生殖节宽大而对称，其腹面膨大；第5胸足对称，外肢第1节内缘基部具1大缺刻和1钝突，外肢第2节内缘刺突很长，超过第3节末端。

采集地 北部湾南部海域

▲ 整体背面观（♀）

▲ 腹部背面观（♀）

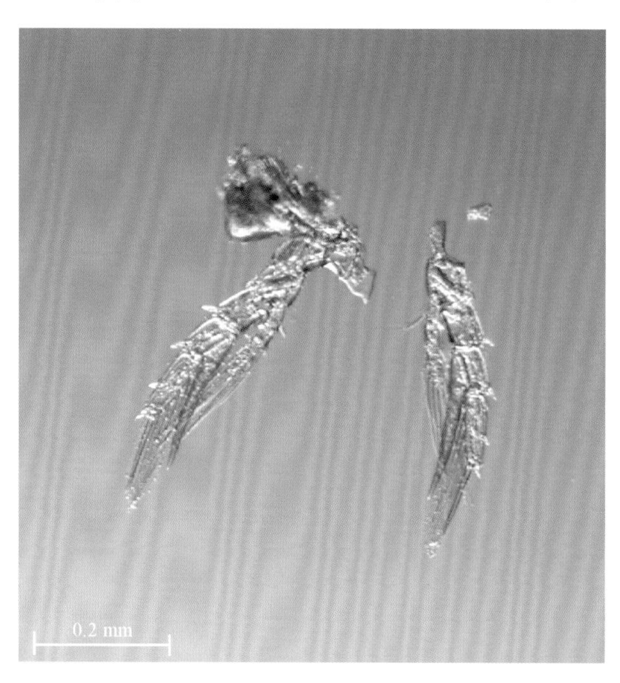

▲ 第5胸足（♀）

真哲水蚤科 Family Eucalanidae

细拟真哲水蚤 *Pareucalanus attenuatus*

体长 5.1~7.0 mm（♀），4.3~4.5 mm（♂）

形态特征 雌性额部前端突出，呈三角形；胸部后侧角钝圆；腹部分 3 节，生殖节较膨大。

采集地 北部湾南部海域

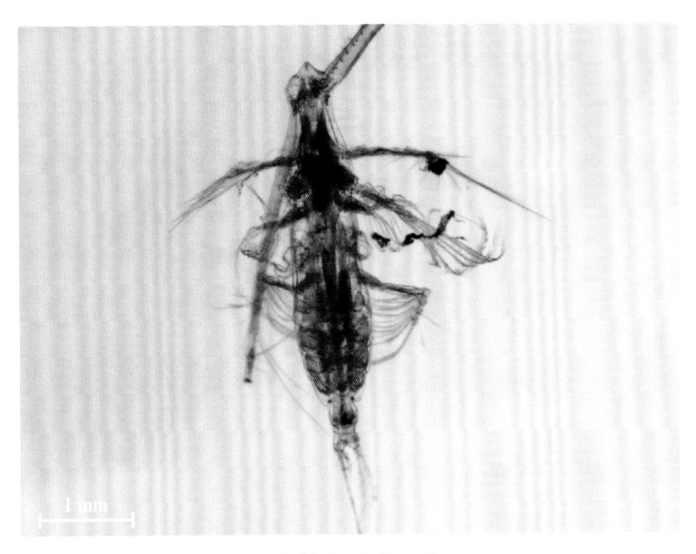

▲ 整体背面观（♀）

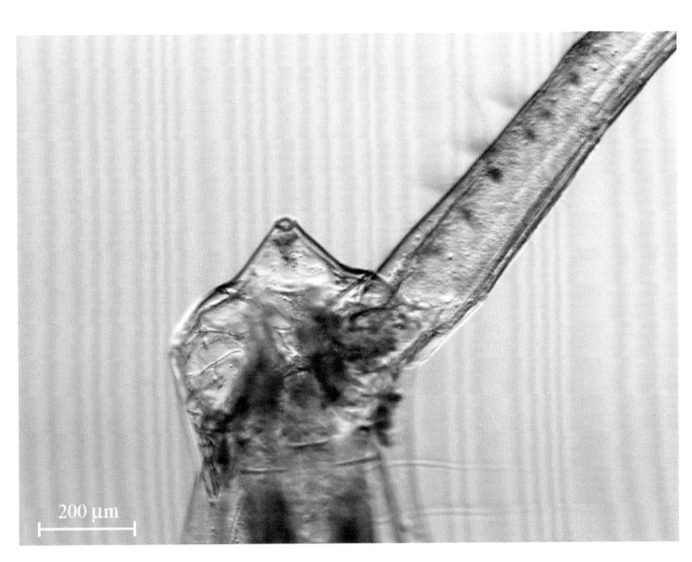

▲ 头部腹面观（♀）

彩额锚哲水蚤 *Rhincalanus rostrifrons*

体长 2. 7~3. 8 mm（♀），2. 4~2. 9 mm（♂）

形态特征 额部前端很突出，其两侧具额丝，使额部呈锚状。雌性腹部分 3 节，生殖节长大；左尾叉较长；第 5 胸足单肢型且对称，均分 3 节，各节较狭长，末节外末角延伸为粗刺突，内末部具 1 长刺毛，其内、外缘均具细刺毛。

采集地 北部湾南部海域

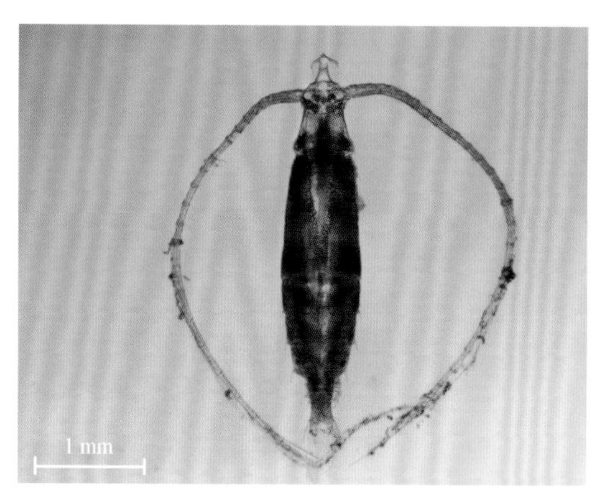

▲ 整体背面观（♀）

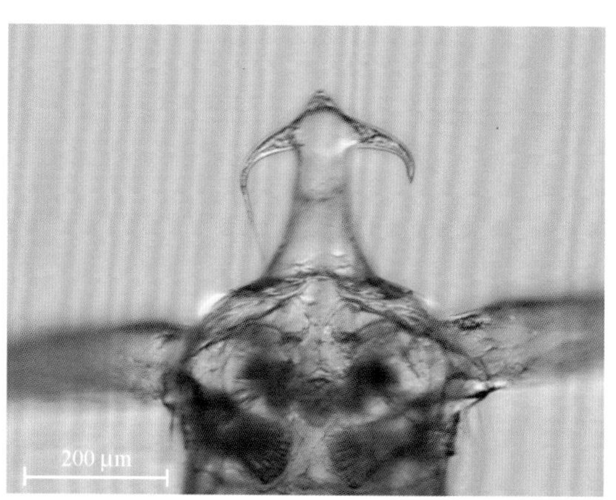

▲ 头部腹面观（♀）

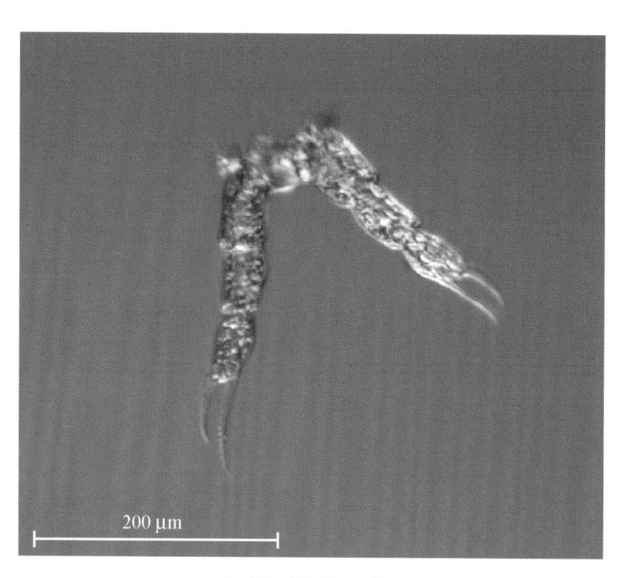

▲ 第 5 胸足（♀）

亚强次真哲水蚤 *Subeucalanus subcrassus*

体长 2.0~2.9 mm（♀），1.9~2.6 mm（♂）

形态特征 雌性额部前端稍突出，呈低而钝三角形，侧面观钝圆；生殖节近球形，宽大于长。

采集地 北部湾近岸海域

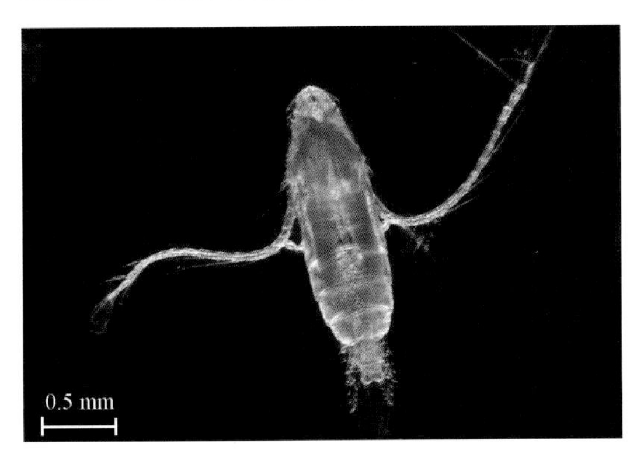

▲ 整体背面观（♀）

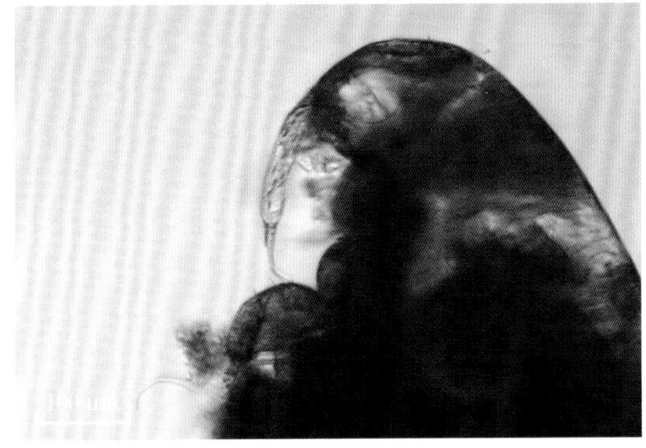

▲ 头部侧面观（♀）

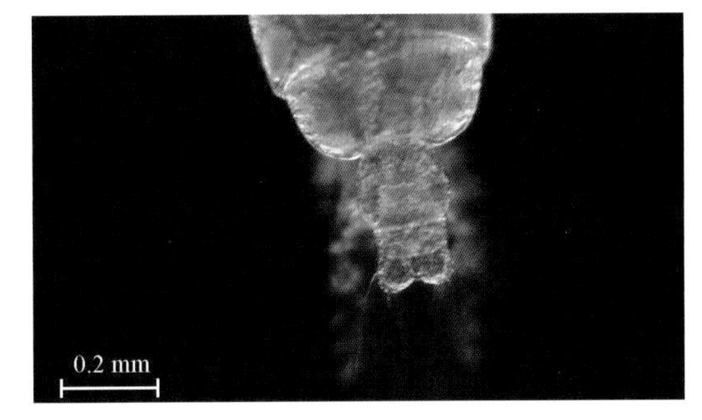

► 腹部背面观（♀）

狭额次真哲水蚤 *Subeucalanus subtenuis*

体长 2.4~3.3 mm（♀），2.6~3.1 mm（♂）

形态特征 雌性头部伸长，两侧膨大，具有透明膜；额部前端显著突出，呈三角形，其顶端呈锥状而不尖锐；生殖节两侧稍膨大，其长大于宽。

采集地 北部湾南部海域

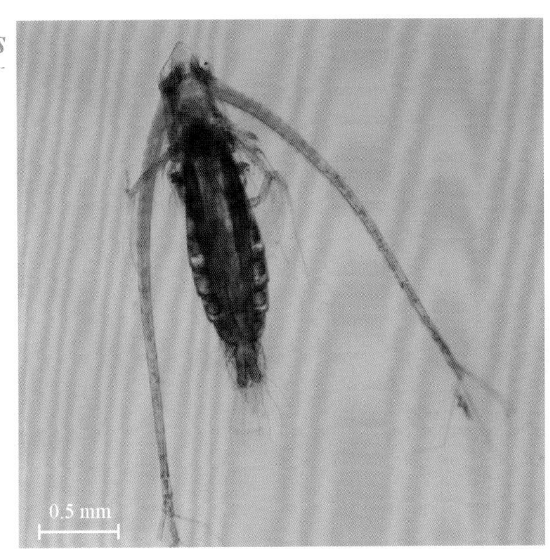

► 整体背面观（♀）

真刺水蚤科 Family Euchaetidae

精致真刺水蚤 *Euchaeta concinna*

体长　2.4~3.8 mm（♀），2.2~3.2 mm（♂）

形态特征　前额刺突较长，头部与第1胸节愈合。雌性胸部后侧角突出，呈钝三角形；腹部生殖节右侧中部具1喙状突起，其顶端稍弯向后方。雄性胸部后侧角突起较小，第5胸足不对称，左足外肢末端较长大，呈爪状，齿板基部内缘具1棒状突，可达齿板中部。

采集地　北部湾近岸海域

▲ 整体背面观（♀）

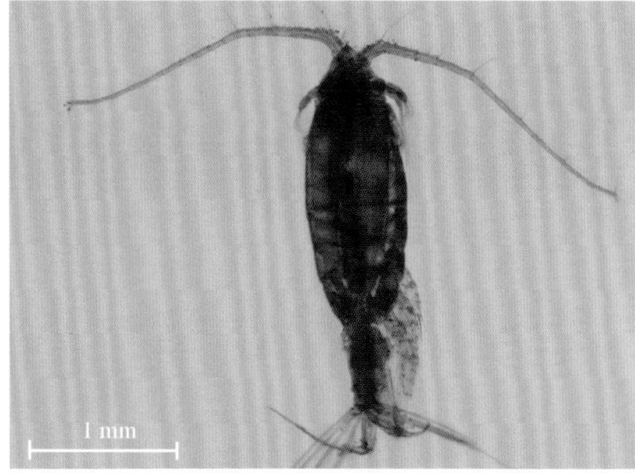

▲ 整体背面观（♂）

▲ 腹部背面观（♀）

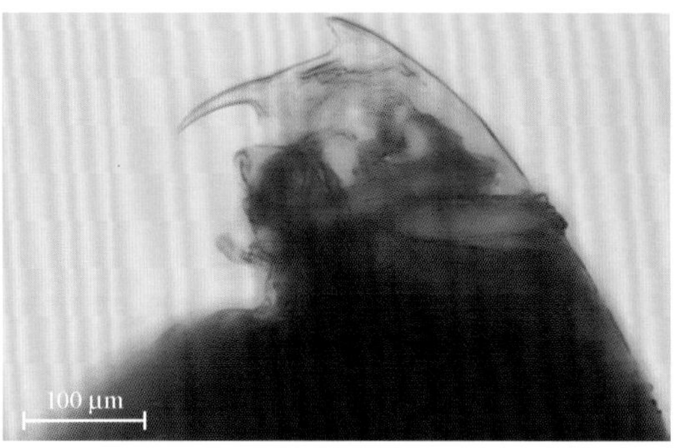

▲ 头部侧面观（♂）

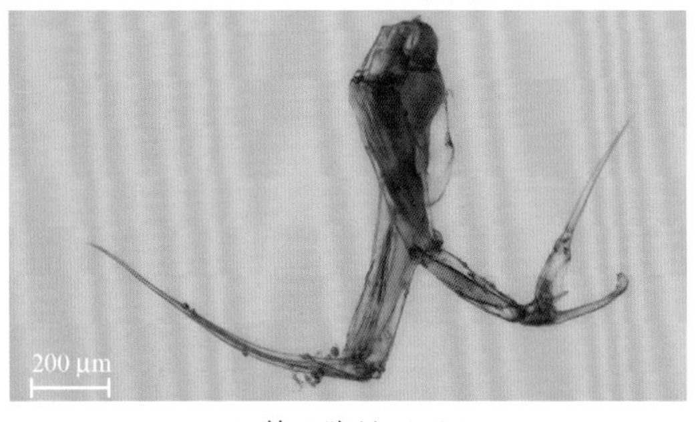

▲ 第5胸足（♂）

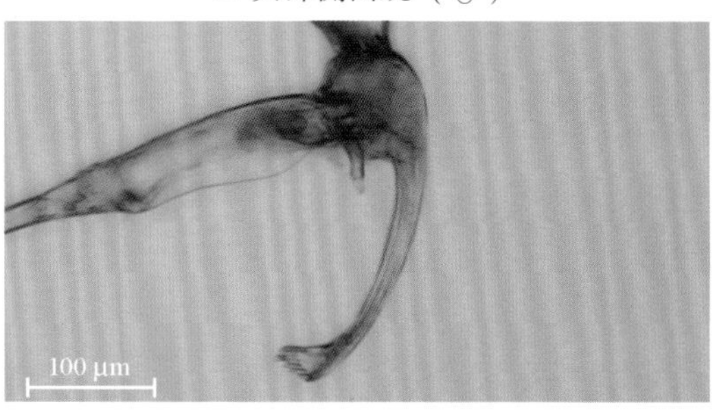

▲ 第5胸足外肢末端（♂）

光水蚤科 Family Lucicutiidae

高斯光水蚤 *Lucicutia gaussae*

体长　1.3~1.6 mm（♀），1.2~1.5 mm（♂）

形态特征　头胸部卵圆形；前额宽圆，无小突起；头部两侧无刺突。雌性腹部较粗短，生殖节宽大，腹面生殖突呈球状。雄性第5胸足不对称，左足第2基节内末部突起粗大，右足分内、外两肢，外肢第1、第2节狭长而弯曲，呈螯状，末节顶端具1小刺。

采集地　北部湾中部以南海域

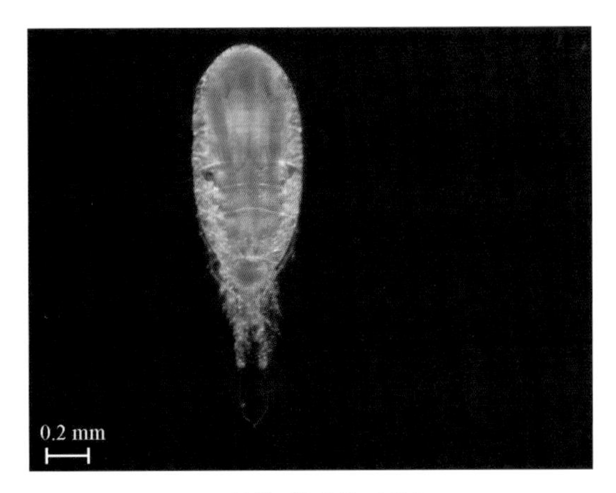

▲ 整体背面观（♀）

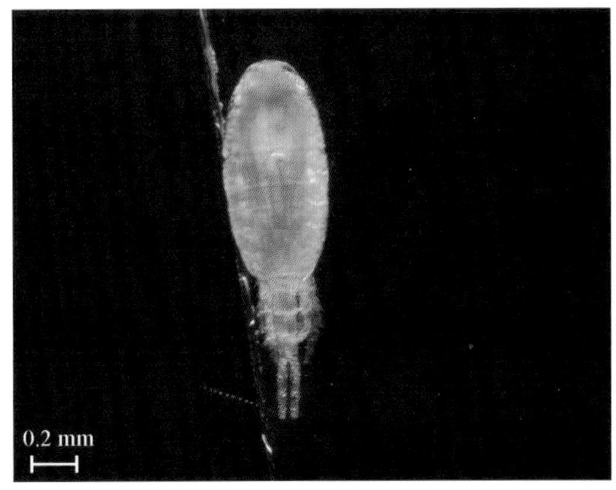

▲ 整体背面观（♂）

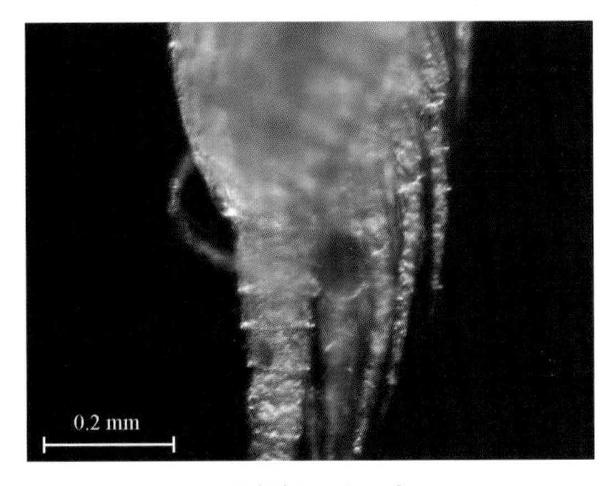

▲ 腹部侧面观（♀）

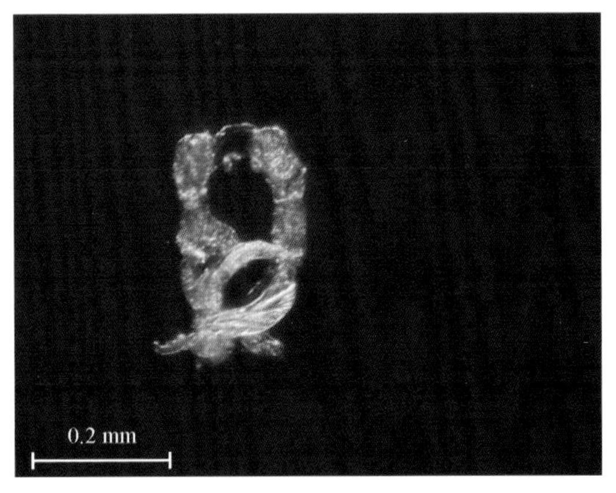

▲ 第5胸足（♂）

黄角光水蚤 *Lucicutia flavicornis*

体长 1.3~2.2 mm（♀），1.3~1.7 mm（♂）

形态特征 头胸部呈长椭圆形；前额钝圆，中部具 1 小突起；头部两侧无角状突；胸部后侧角具小钝突，左右对称；尾叉长为宽的 5~6 倍。雌性生殖节长大，基部两侧稍膨大，基部长度稍大于宽度，其腹面突出，呈球状。

采集地 北部湾南部海域

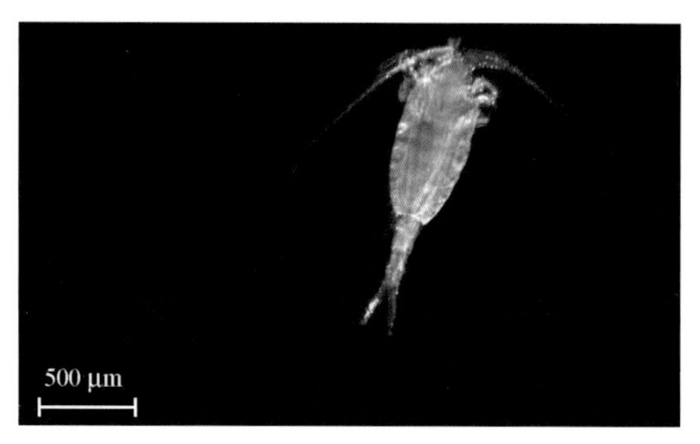

▲ 整体背面观（♀）

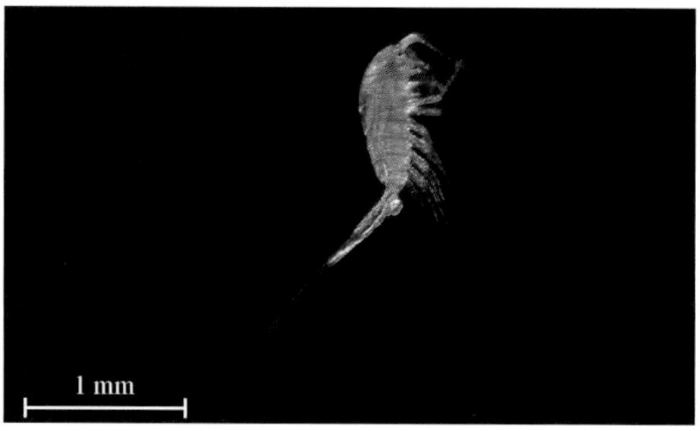

▲ 整体侧面观（♀）

长角水蚤科 Family Mecynoceridae

克氏长角水蚤 *Mecynocera clausi*

体长 0.9~1.2 mm（♀），0.9~1.1 mm（♂）

形态特征 雌性腹部较短小，分 3 节，生殖节膨大，呈球状，并具 1 对大的储精囊；肛节明显大于前 1 节；第 1 触角细长，其长约为体长的 2 倍。

采集地 北部湾中部海域

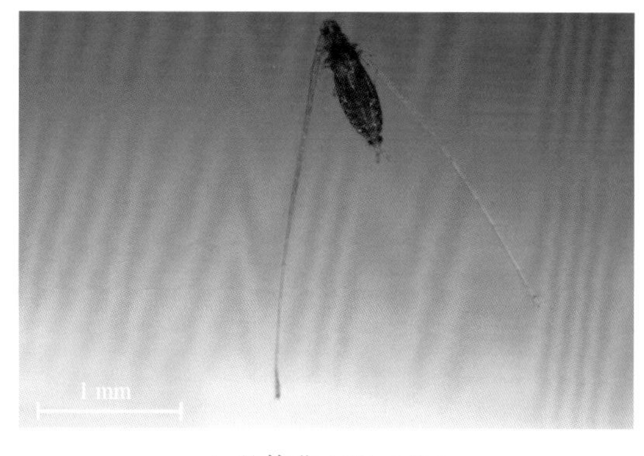

▲ 整体背面观（♀）

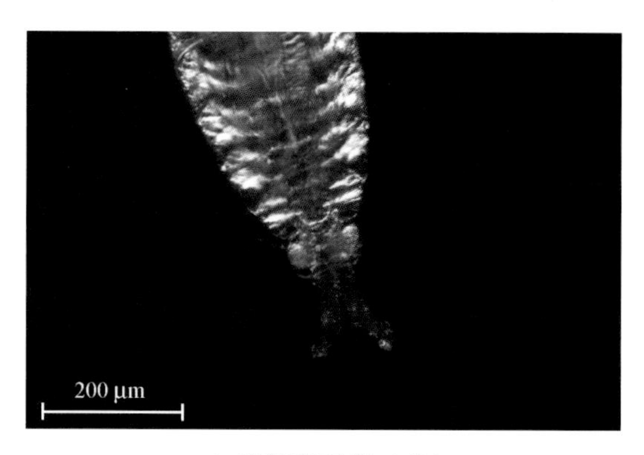

▲ 腹部背面观（♀）

拟哲水蚤科 Family Paracalanidae

驼背隆哲水蚤 *Acrocalanus gibber*

体长 0.9~1.3 mm（♀），0.9~1.4 mm（♂）

形态特征 雌性前额宽圆；侧面观，头部背面近中部显著隆起，末胸节后侧角较突出而钝圆；腹部生殖节宽大，腹面显著突出；第 4 胸足外肢第 3 节外缘末部的锯齿较粗大。

采集地 北部湾近岸海域

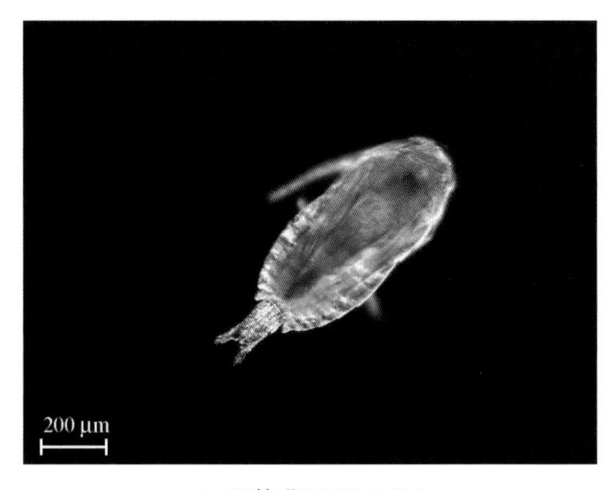

▲ 整体背面观（♀）

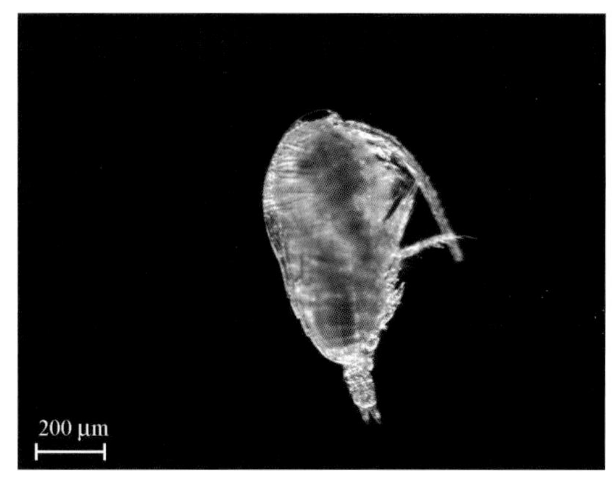

▲ 整体侧面观（♀）

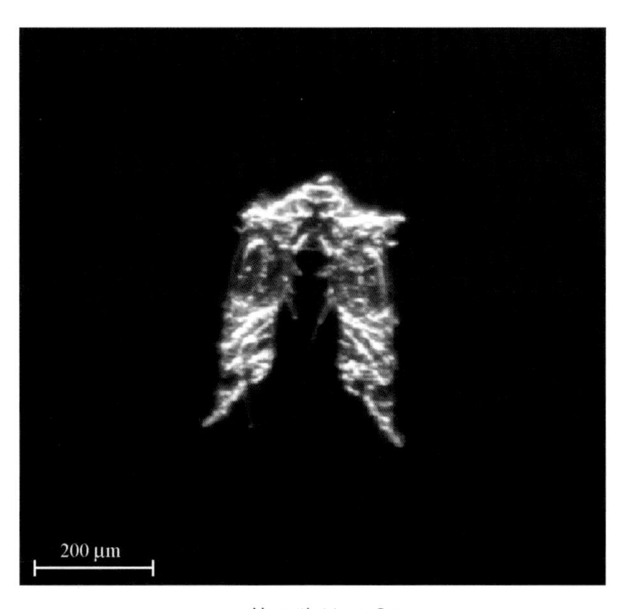

▲ 第 4 胸足（♀）

针刺拟哲水蚤 *Paracalanus aculeatus*

体长 0.7~1.4 mm（♀），1.0~1.4 mm（♂）

形态特征 雌性头胸部呈长椭圆形；胸部后侧角较突出而钝圆；腹部生殖节近方形，肛节较长于前2节长度之和；第1触角末2~3节超过尾叉；第5胸足单肢型，末节狭长。

采集地 北部湾近岸海域

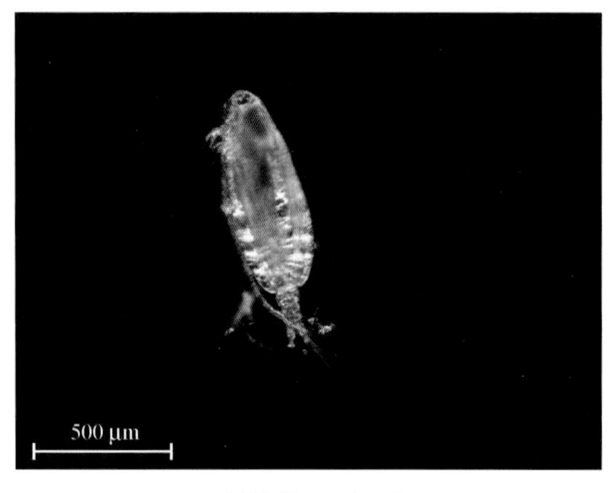

▲ 整体背面观（♀）

▲ 整体侧面观（♀）

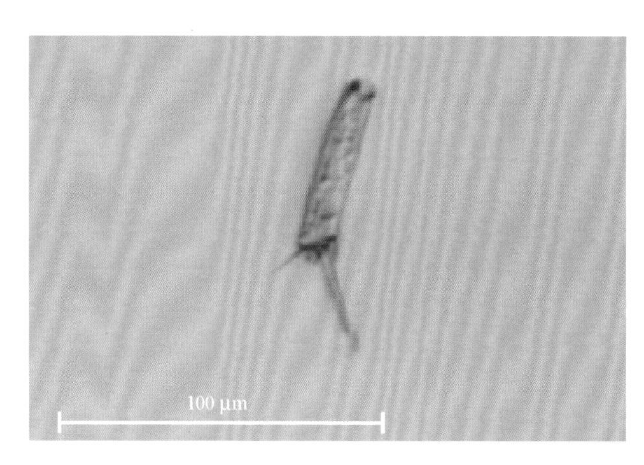

▲ 第5胸足（♀）

强额拟哲水蚤 *Parvocalanus crassirostris*

体长 0.5~0.6 mm（♀），0.4~0.6 mm（♂）

形态特征 雌性头部卵圆，第4、第5胸节分开，末胸节后侧角钝圆；生殖节膨大，呈球形，肛长约为前2节长度之和。

采集地 北部湾近岸海域

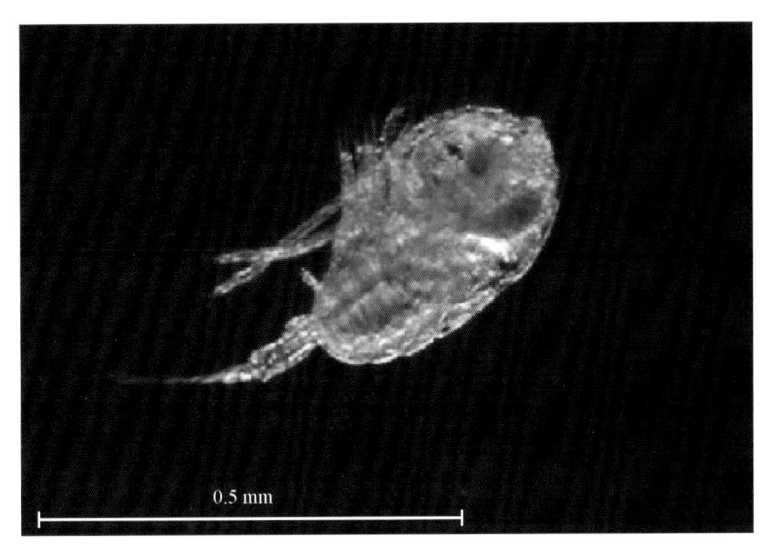

▲ 整体侧面观（♀）

小拟哲水蚤 *Paracalanus parvus*

体长 0.7~1.0 mm（♀），0.7~1.1 mm（♂）

形态特征 雌性头胸部呈卵圆形，胸部后侧角宽圆；腹部生殖节宽大，近似正方形；第5胸足短小且对称，分2节，第1节粗大，第2节较细长，末部稍弯曲。雄性头胸部较狭小；第2腹节较长大；尾叉短小；第5胸足不对称，左足狭长并分5节，第4节外末角尖锐，呈小刺状，右足短小，约与左足第1节等长。

采集地 北部湾近岸海域

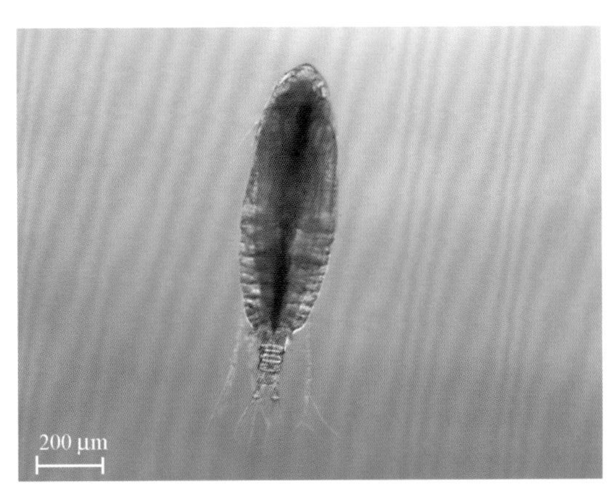

▲ 整体背面观（♀）

▲ 整体背面观（♂）

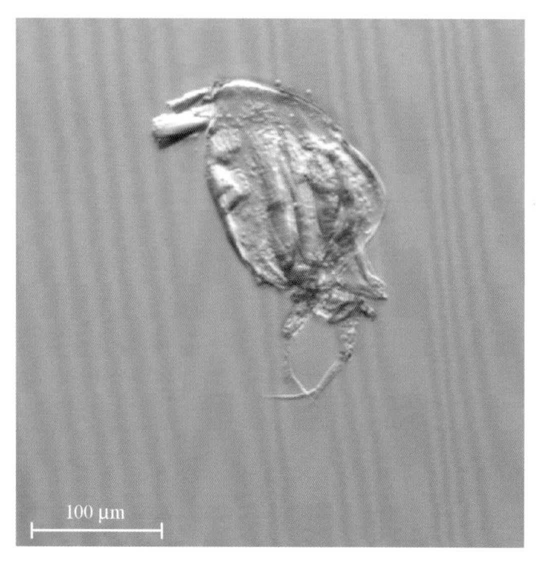

▲ 第 5 胸足（♀）

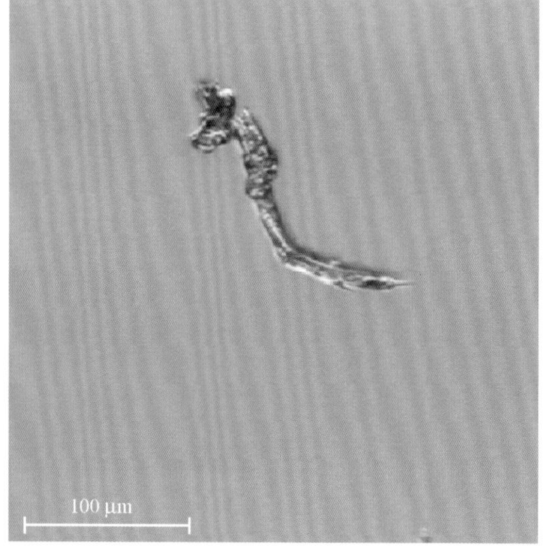

▲ 第 5 胸足（♂）

褐水蚤科 Family Phaennidae

双突黄水蚤 *Xanthocalanus dilatus*

体长　1.5~1.6 mm（♀），1.4 mm（♂）

形态特征　雌性头胸部呈宽卵圆形；第 1 胸节末端两侧有明显隆起，侧面观同样能看到第 1 胸节的隆起。

采集地　北部湾近岸海域

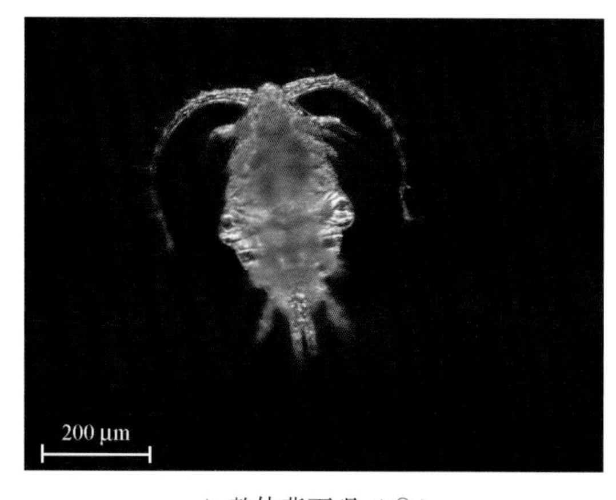

▲ 整体背面观（♀）

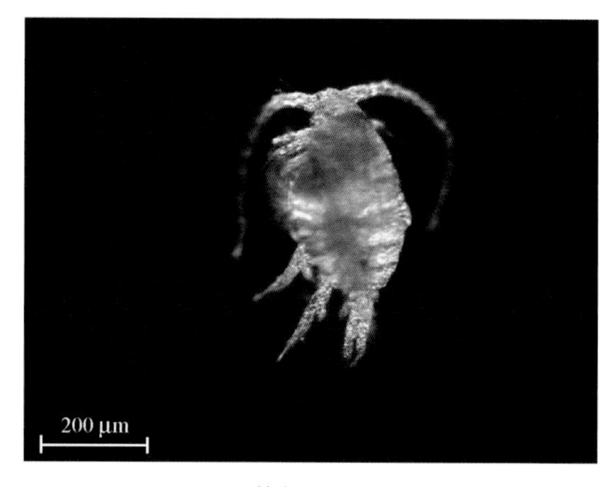

▲ 整体侧面观（♀）

角水蚤科 Family Pontellidae

汤氏长足水蚤 *Calanopia thompsoni*

体长　1.8~2.0 mm（♀），1.6~1.9 mm（♂）

形态特征　头胸部呈椭圆形；前额呈钝三角形；头部具1对侧钩及1对小背眼；胸部后侧角呈尖刺状。雌性腹部生殖节长大；第5胸足左右对称，各分4节，末节延伸为长刺突。雄性腹部分5节；第5胸足单肢型且不对称，各分4节，右足末节向外弯曲，呈铲状。

采集地　北部湾近岸海域

▲ 整体背面观（♀）

▲ 整体背面观（♂）

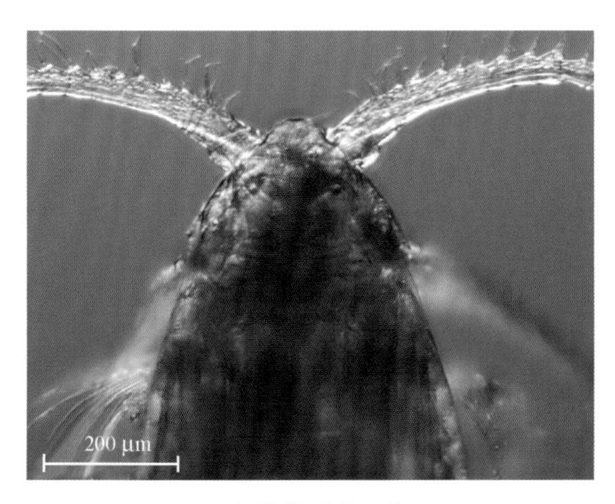

▲ 头部背面观（♀）

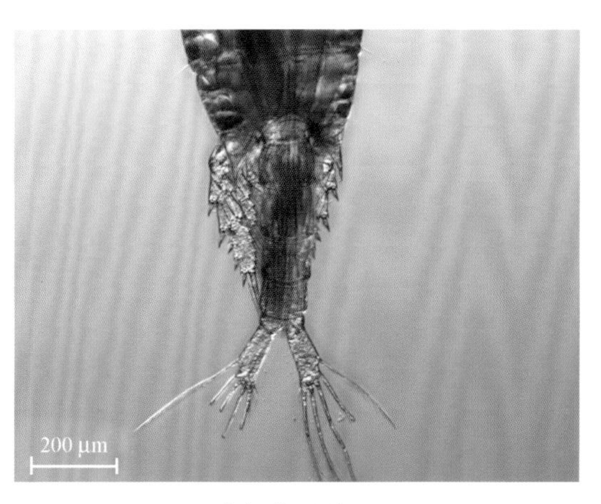

▲ 腹部背面观（♂）

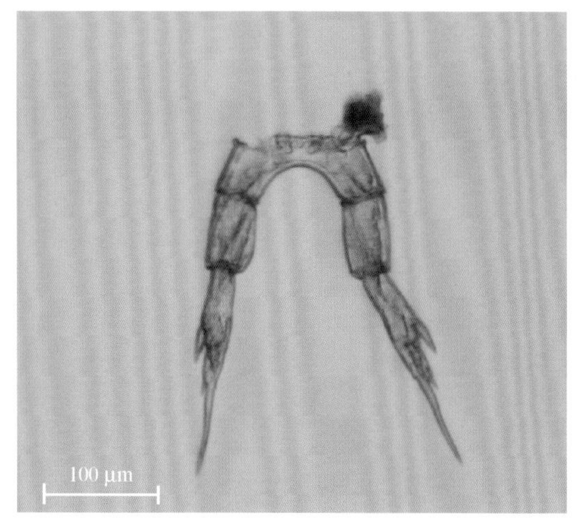

▲ 第 5 胸足前面观（♀）

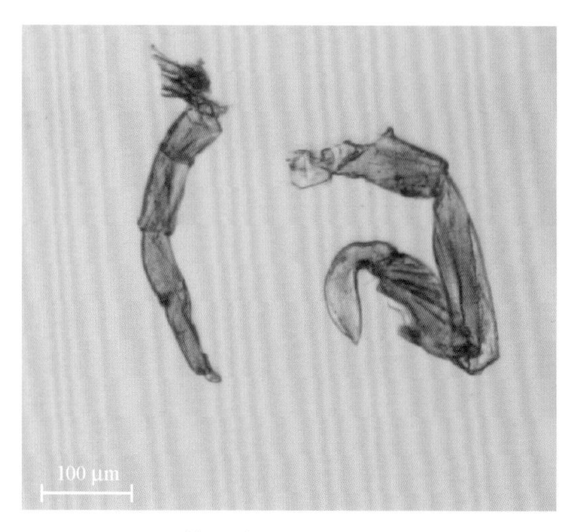

▲ 第 5 胸足后面观（♂）

椭形长足水蚤 *Calanopia elliptica*

体长 1.8~2.1 mm（♀），1.6~1.8 mm（♂）

形态特征 头胸部卵圆形；头部无侧钩。雌性胸部后侧角长且尖锐，近对称，可达生殖节中部；生殖节与第 2 节约等长；尾叉长约为宽的 3 倍。雄性第 2 腹节右侧具 1 小刺。

采集地 北部湾近岸海域

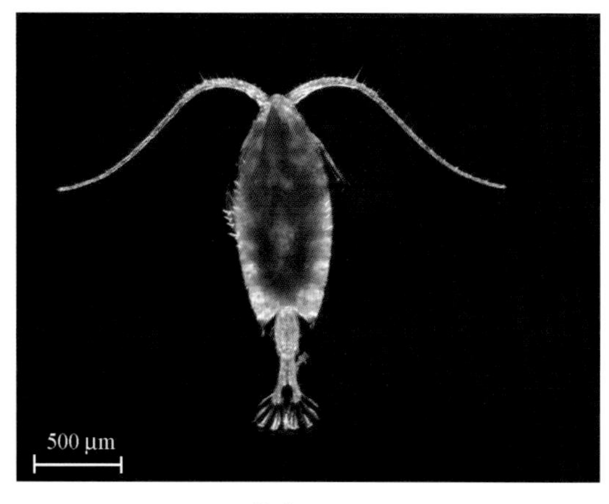

▲ 整体背面观（♀）

▲ 整体背面观（♂）

孔雀唇角水蚤 *Labidocera pavo*

体长　2. 0~2. 5 mm（♀），1. 7~2. 1 mm（♂）

形态特征　雌性胸部后侧角尖锐，近乎对称；腹部非常粗短，分 2 节，生殖节宽大且不对称，右侧中部具钝三角形突起；尾叉稍不对称，其宽度大于长度，尾刚毛粗短。

采集地　北部湾近海海域

▲ 整体背面观（♀）

▲ 腹部背面观（♀）

尖刺唇角水蚤 *Labidocera acuta*

体长　2. 9~3. 6 mm（♀），2. 7~3. 2 mm（♂）

形态特征　前额中央具 1 尖刺突。雌性胸部后侧角具长刺突；腹部分 3 节，生殖节长大，腹面生殖孔左下末缘也具 1 小刺突；第 5 胸足对称。雄性背眼较雌性发达；后侧角尖锐而不对称；第 1 触角第 3 节明显膨大。

采集地　北部湾近岸海域

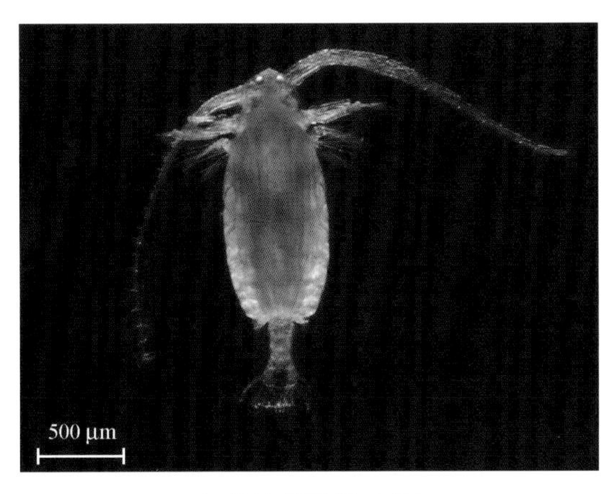

▲ 整体背面观（♀）

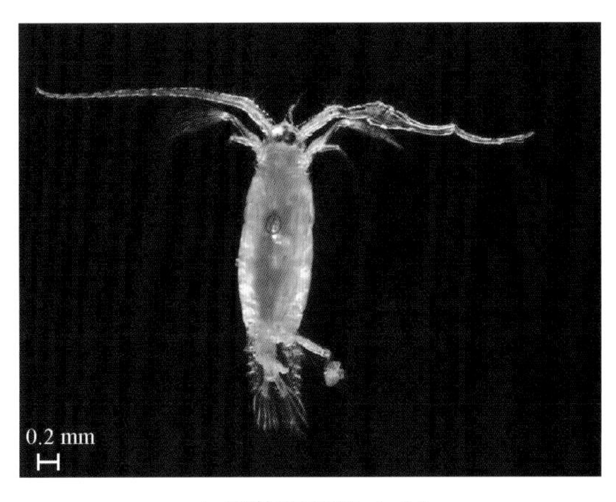

▲ 整体背面观（♂）

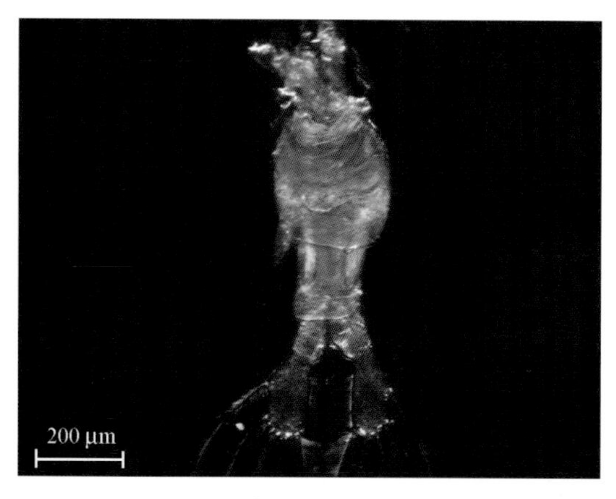

▲ 腹部腹面观（♀）

▲ 头部背面观（♂）

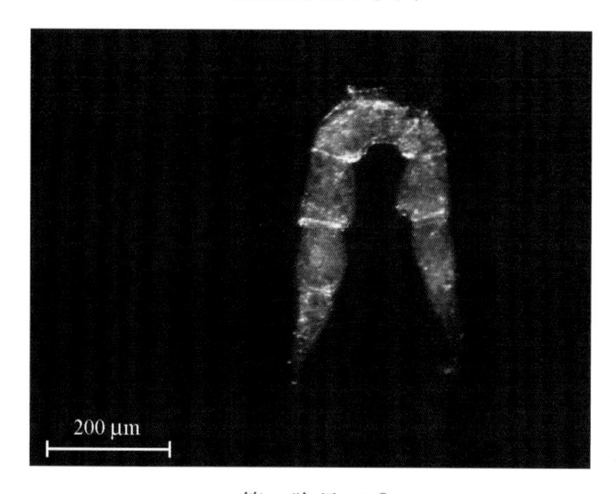

▲ 第 5 胸足（♀）

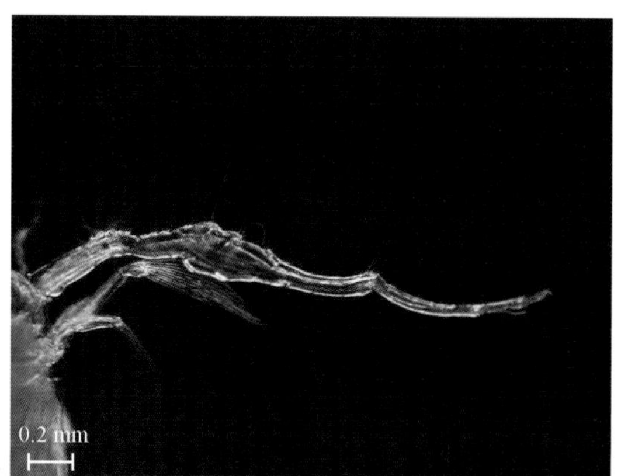

▲ 右第 1 触角（♂）

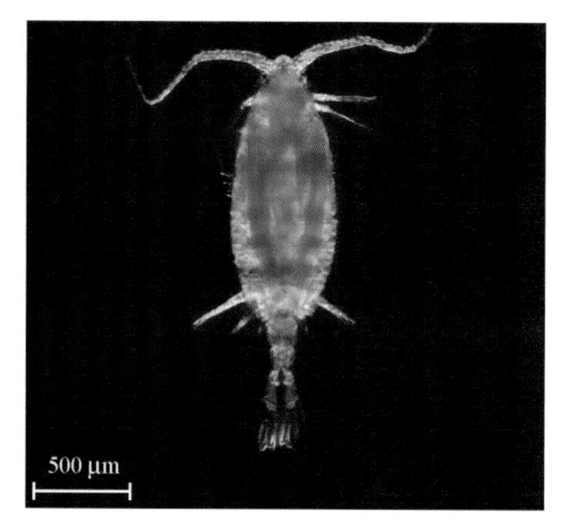

▲ 整体背面观（♀）

真刺唇角水蚤 *Labidocera euchaeta*

体长　2.0~2.9 mm（♀）, 2.3~2.5 mm（♂）

形态特征　头胸部呈椭圆形；前额较狭小，呈钝三角形；头部背眼较小，无侧钩；胸部后侧角呈三角形。雌性腹部分 3 节，第 1、第 2 节长，肛节较小；尾叉稍不对称，右侧较宽大，呈卵圆形。

采集地　北部湾近岸海域

▲ 整体侧面观（♀）

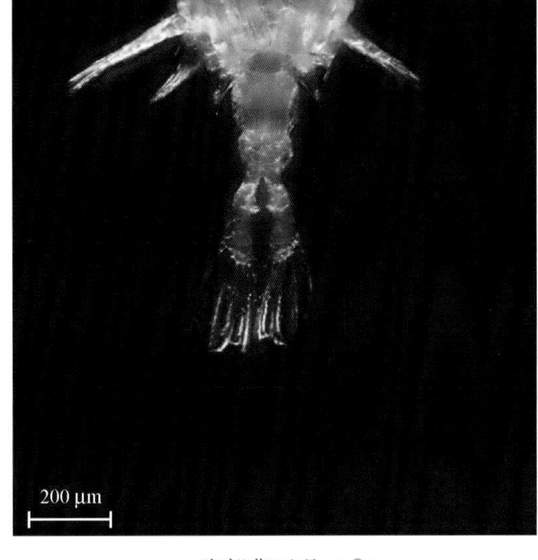

▲ 腹部背面观（♀）

小唇角水蚤 *Labidocera minuta*

体长　2.0~2.4 mm（♀），1.6~1.7 mm（♂）

形态特征　前额狭圆。雌性胸部后侧角钝圆；腹部分3节，生殖节右侧基部膨大；第5胸足双肢型并对称，末端分2叉。雄性后侧角尖锐，不对称，右侧刺较长大，可达第2腹节末缘；腹部分5节；第5胸足单肢型且不对称，左足末节短小，右足末节狭长而弯曲。

采集地　北部湾近岸海域

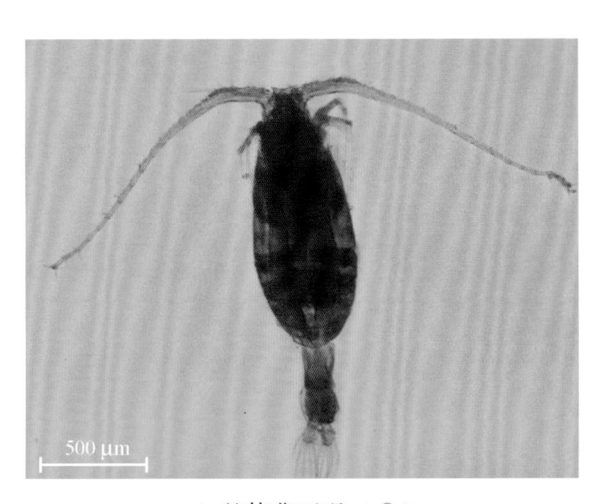

▲ 整体背面观（♀）

▲ 整体背面观（♂）

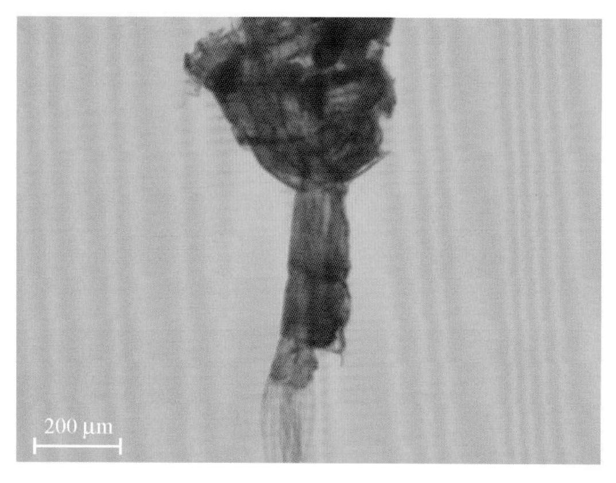

▲ 腹部侧面观（♀）

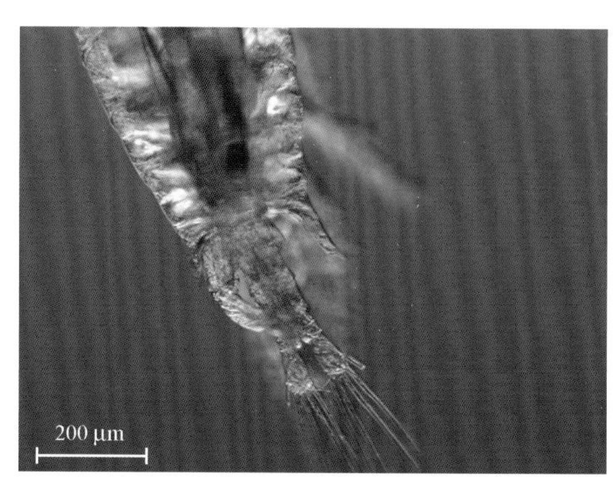

▲ 末胸节（♂）

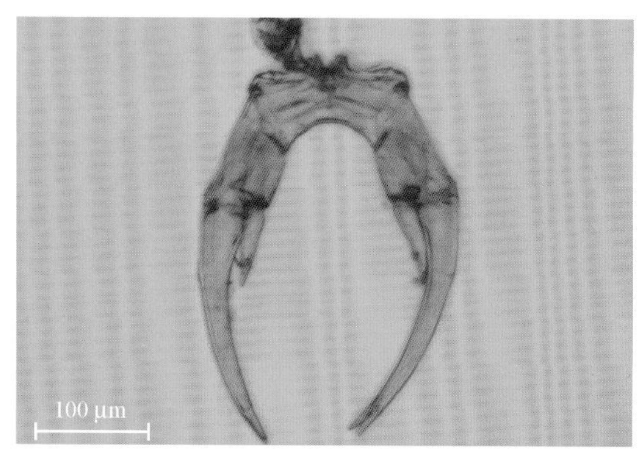

▲ 第 5 胸足后面观（♀）

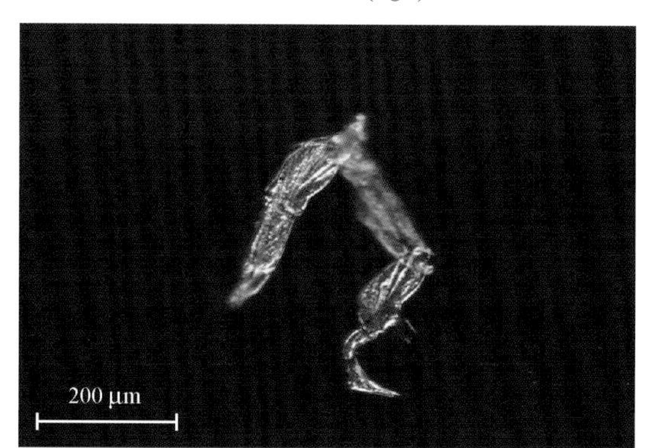

▲ 第 5 胸足后面观（♂）

科氏唇角水蚤 *Labidocera kroyeri*

体长　2. 2~2. 8 mm（♀），2. 0~2. 4 mm（♂）

形态特征　头部前端钝圆，具侧钩。雌性胸部后侧角翼状突呈三角形，左右对称；腹部分 3 节，生殖节不对称，右侧缘具数个突起和小刺；尾叉短小，近方形。

采集地　北部湾近岸海域

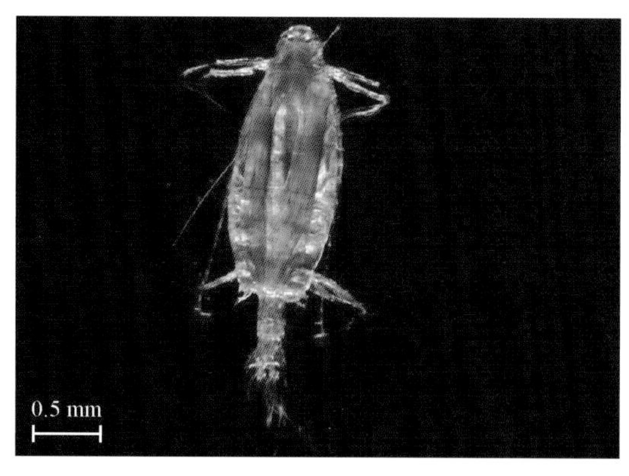

▲ 整体背面观（♀）

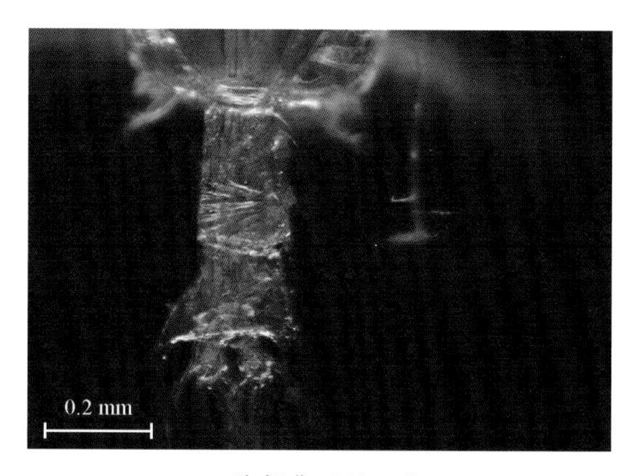

▲ 腹部背面观（♀）

圆唇角水蚤 *Labidocera rotunda*

体长 2. 0~2. 7 mm（♀），1. 8~2. 5 mm（♂）

形态特征 雄性胸部后侧角不对称，右后侧角较大并分 2 叉，2 刺间距较宽；生殖节不对称，右侧末缘较突出；第 5 胸足单肢型，左足末节内缘具 1 粗刺突，右足第 3 节内缘很膨大，外缘基部具 1 粗爪状刺突，末节狭长且弯曲，与前节形成螯状。

采集地 北部湾近岸海域

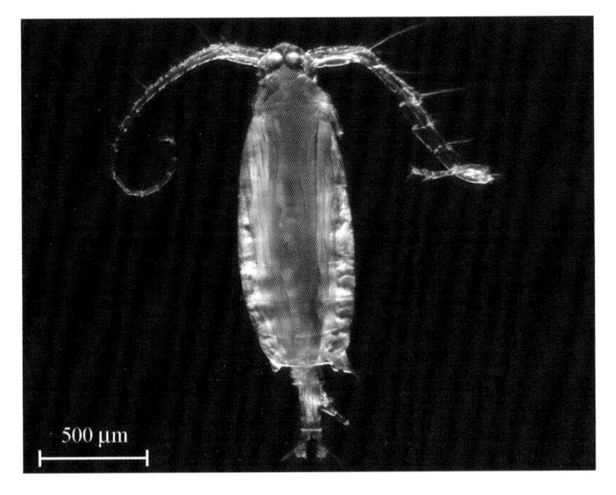

▲ 整体背面观（♂）

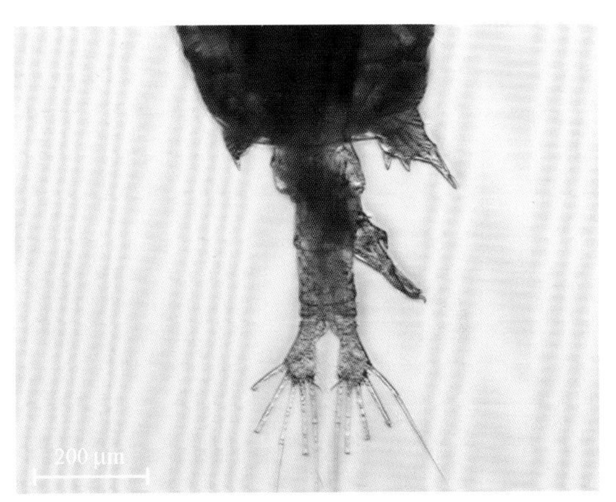

▲ 末胸节后侧角刺（♂）

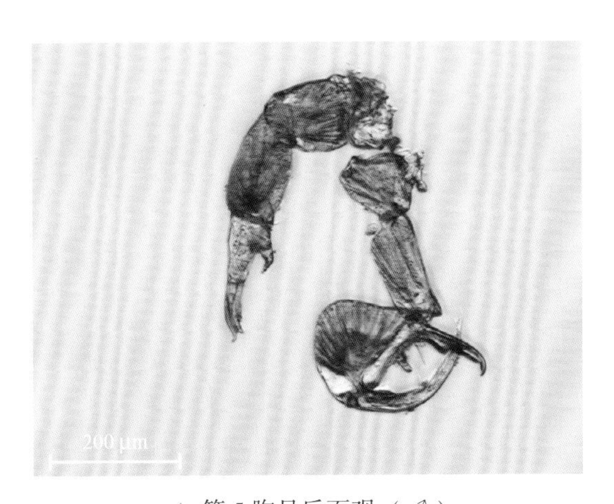

▲ 第 5 胸足后面观（♂）

叉刺角水蚤 *Pontella chierchiae*

体长 3. 4~3. 6 mm（♀），2. 8~3. 1 mm（♂）

形态特征 头部前端呈三角形，具侧钩和复眼。雌性胸部后侧角长达生殖节中部，稍不对称；第 5 胸足为对称的双肢型，外肢较长大，内肢短小，呈锥形。雄性第 1 触角中部膨大且具 1 粗刺；第 5 胸足单肢型且不对称，右足第 3 节具 1 长刺突，末节弯曲，与前节形成螯状。

采集地 北部湾近岸海域

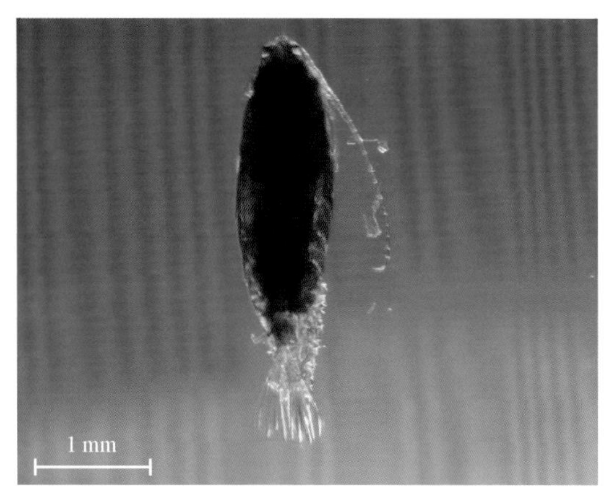

▲ 整体背面观（♀）

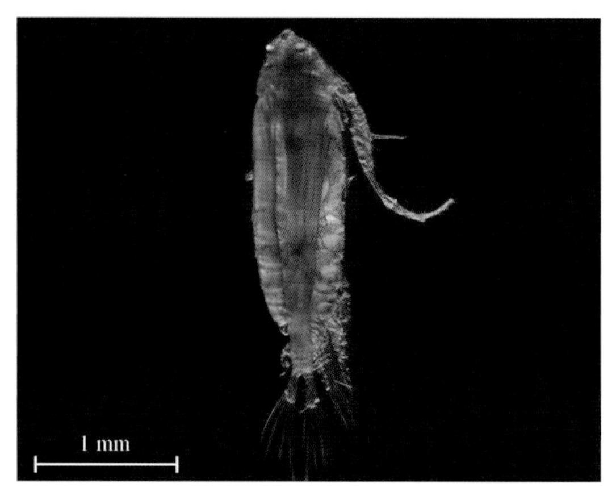

▲ 整体背面观（♂）

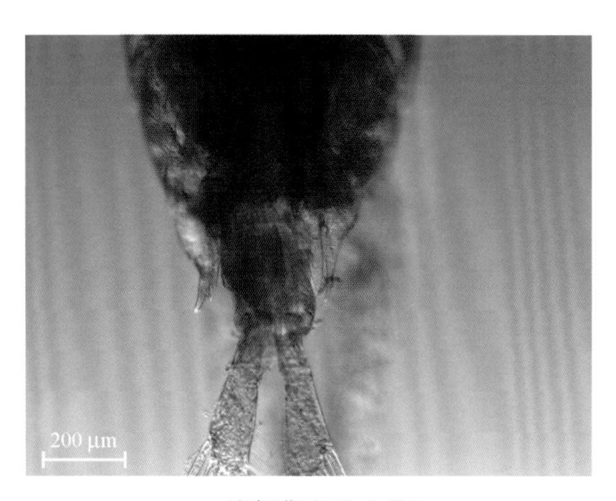

▲ 腹部背面观（♀）

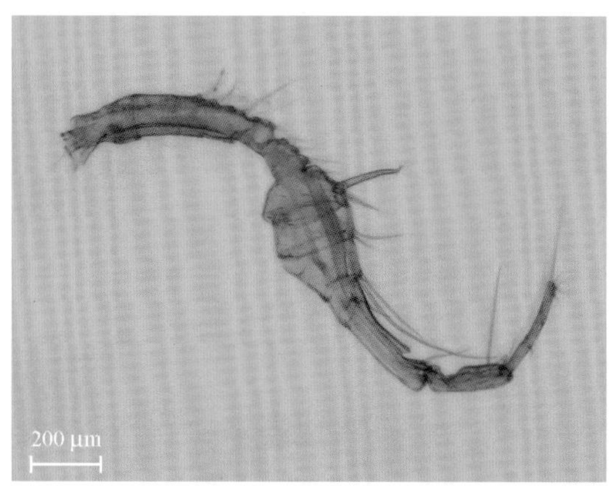

▲ 右第 1 触角（♂）

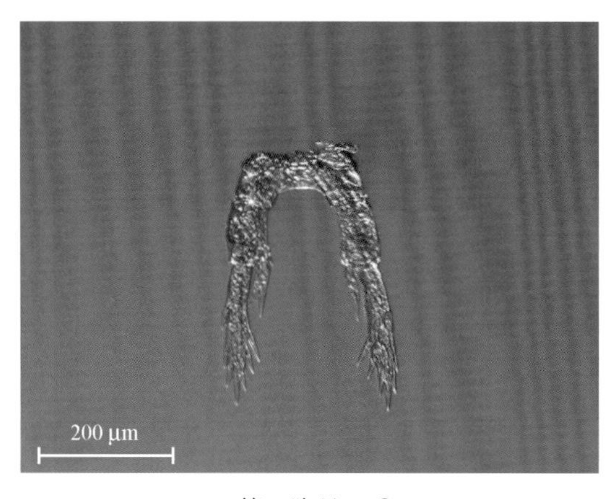

▲ 第 5 胸足（♀）

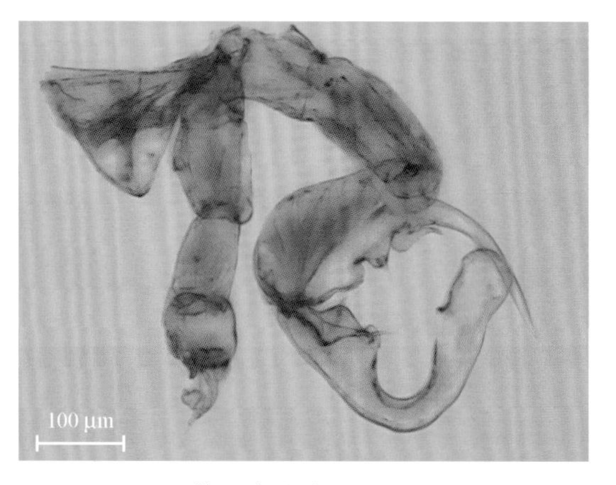

▲ 第 5 胸足后面观（♂）

宽尾角水蚤 *Pontella latifurca*

体长 3.5~3.6 mm（♀），3.4~3.6 mm（♂）

形态特征 雌性胸部后侧角粗大而不对称，呈长三角形，左侧角较右侧角长大；腹部分2节，生殖节粗短，呈球状，背面隆起，肛节短小；尾叉显著不对称，右叉很粗大，约为左叉长的2倍；尾刚毛也不对称，右叉尾刚毛基部膨大；第5胸足双肢型且近对称，外肢具很微小的外缘刺，末端为单刺突，不分叉，内肢长为外肢的1/2，末端呈叉状。

采集地 北部湾近岸海域

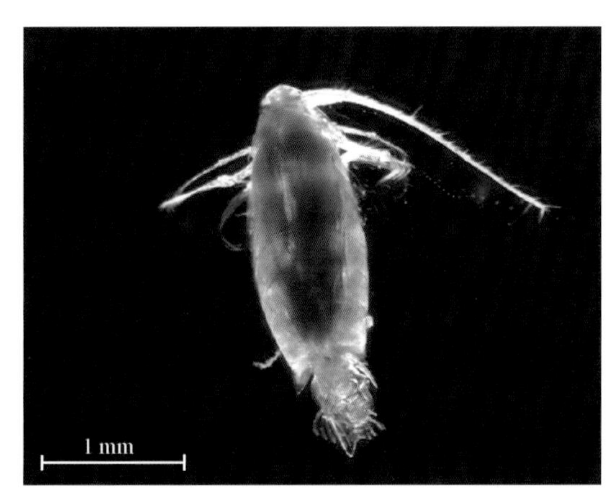

▲ 整体背面观（♀）

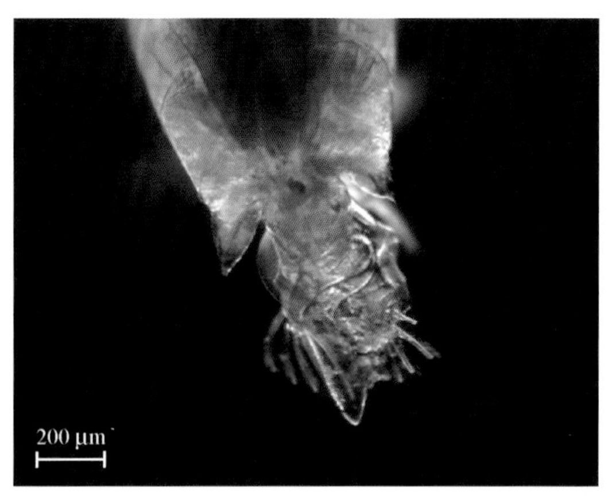

▲ 后体部背面观（♀）

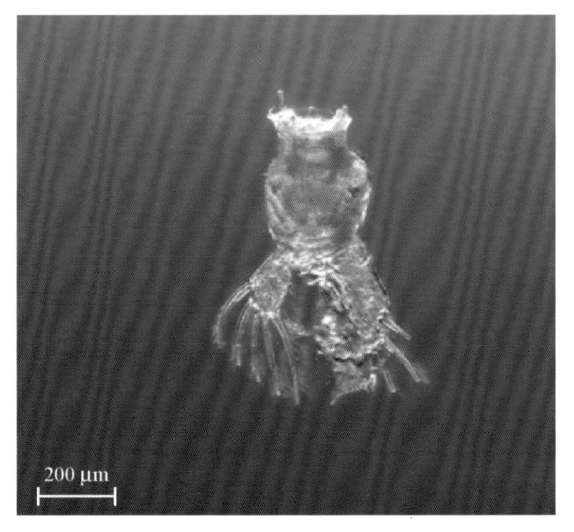

▲ 腹部背面观（♀）

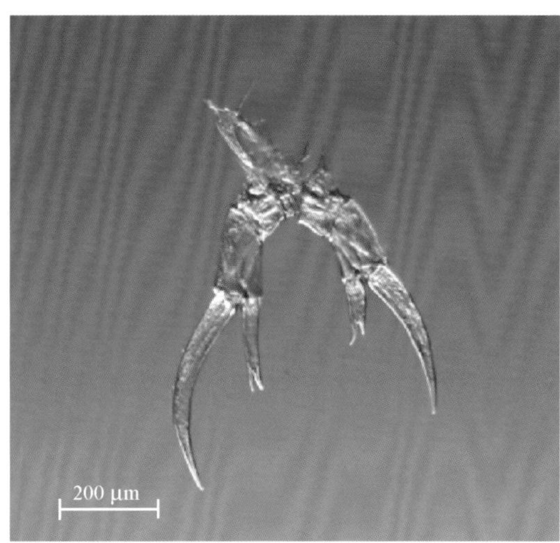

▲ 第5胸足（♀）

三指角水蚤 *Pontella tridactyla*

体长 2.1 mm（♀），2.1~2.5 mm（♂）

形态特征 雄性胸部后侧角尖小，近对称；生殖节近方形；第5胸足单肢型且不对称，左足末部弯曲，具1丛细毛，右足第3节外缘具1长大的钩状刺突，末节狭长而弯曲，呈爪状，与前节形成螯状。

采集地 北部湾中部海域

▲ 整体背面观（♂）

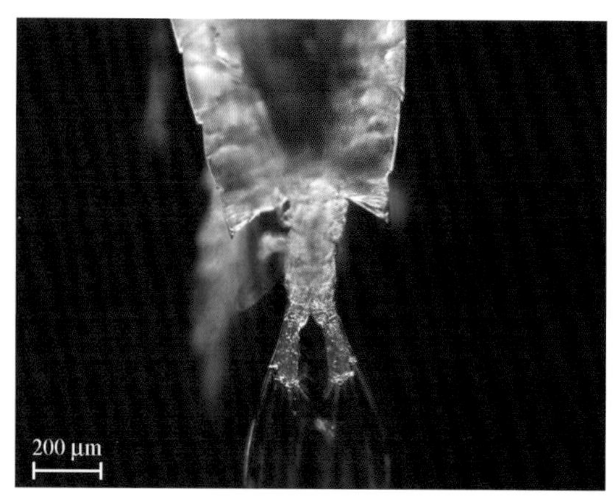

▲ 腹部背面观（♂）

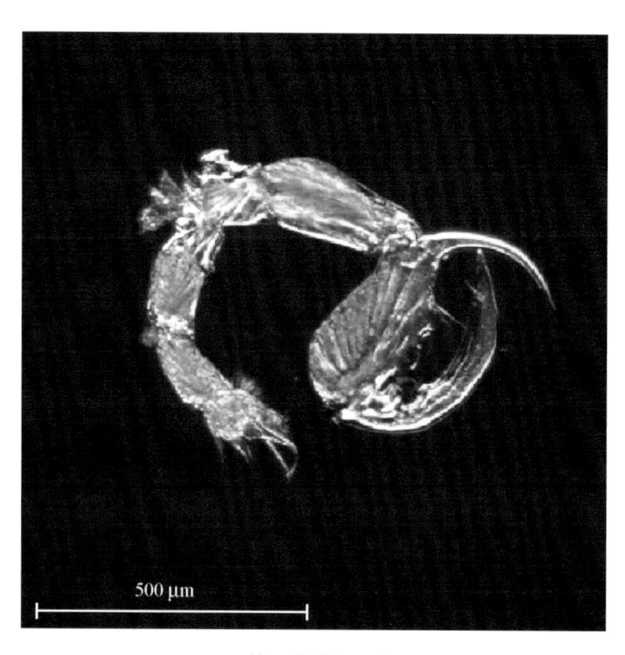

▲ 第5胸足（♂）

钝简角水蚤 *Pontellopsis yamadae*

体长 2. 2~2. 9 mm（♀）, 2. 1~2. 5 mm（♂）

形态特征 雌性头胸部呈卵圆形；胸部后侧角粗短而钝，近对称；腹部分 2 节，生殖节长大而不对称，基部两侧各具 1 小齿突，背面近末缘两侧具 2 个不等长小刺突，左侧刺稍长；肛节宽短，背末缘中部具 1 半圆形大突起；尾叉宽短，近对称。

采集地 北部湾中部海域

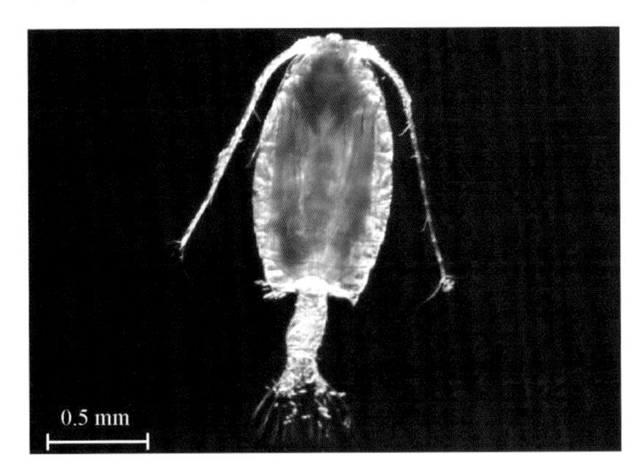

▲ 整体背面观（♀）

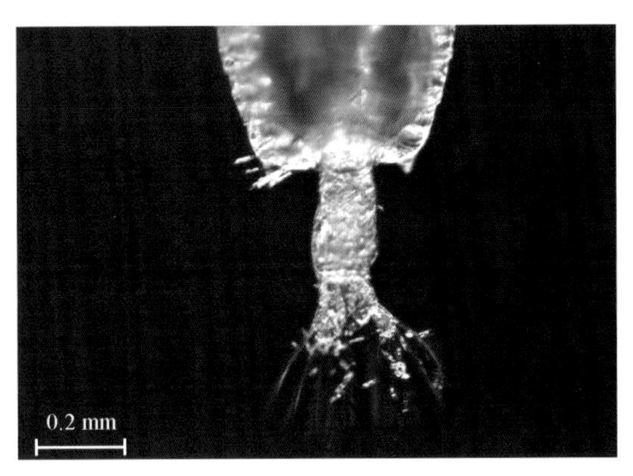

▲ 腹部背面观（♀）

长指简角水蚤 *Pontellopsis macronyx*

体长 1. 8~2. 1 mm（♀）, 1. 6~1. 8 mm（♂）

形态特征 雄性胸部后侧角不对称，左侧角呈三角形，右侧角狭长而弯曲，呈钩状，可达第 4 腹节；腹部分 5 节；第 5 胸足单肢型且不对称，左足第 3 节外末角具 1 长刺，右足第 3 节伸出 1 细长而弯曲的长刺，末节的末端具指状突。

采集地 北部湾中部海域

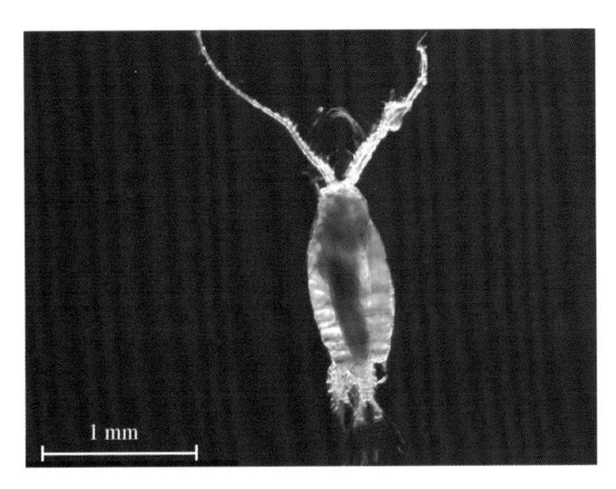

▲ 整体背面观（♂）

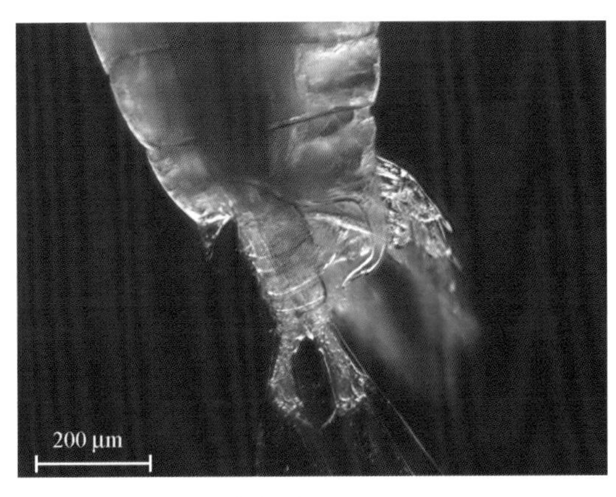

▲ 腹部背面观（♂）

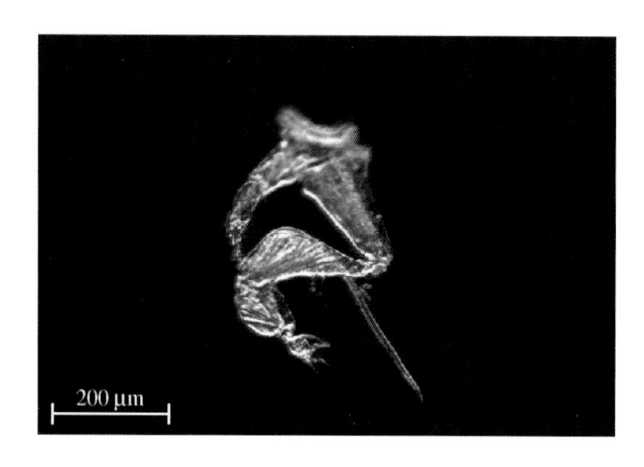

◀ 第 5 胸足（♂）

扩指简角水蚤 *Pontellopsis inflatodigitata*

体长 1.7~2.0 mm（♀），1.5~1.7 mm（♂）

形态特征 雌性胸部后侧角不对称，左侧角粗短，呈三角形，右侧角呈小齿状，后缘近腹部两侧各具 1 小齿突；腹部生殖节宽大，背面隆起，左侧缘基部具 1 短刺，后末缘具 1 长刺，可达肛节末缘或尾叉中部；肛节右侧末部较长于左侧；第 5 胸足不对称。

采集地 北部湾近岸海域

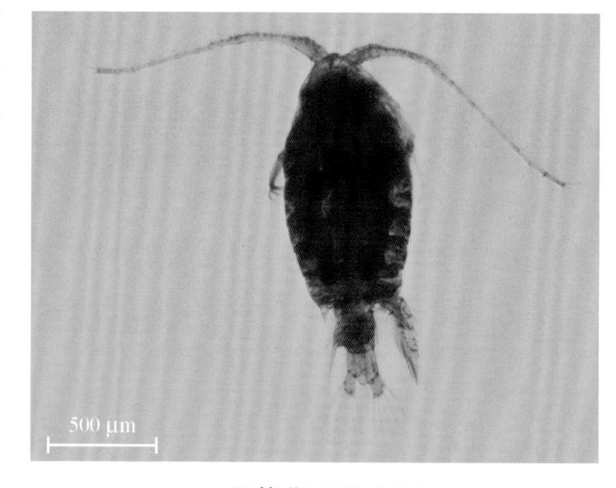

▲ 整体背面观（♀）

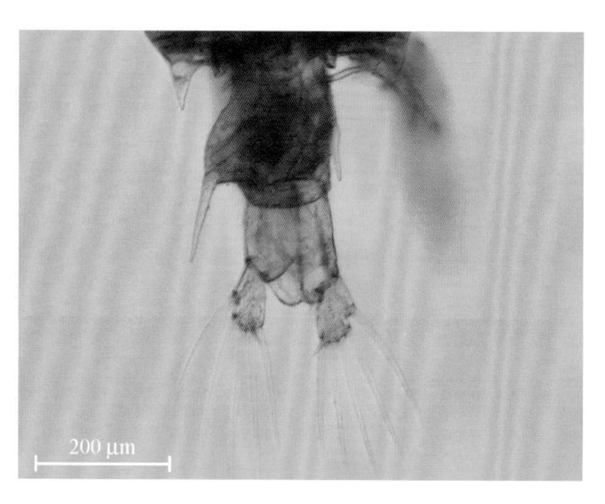

▲ 腹部背面观（♀）

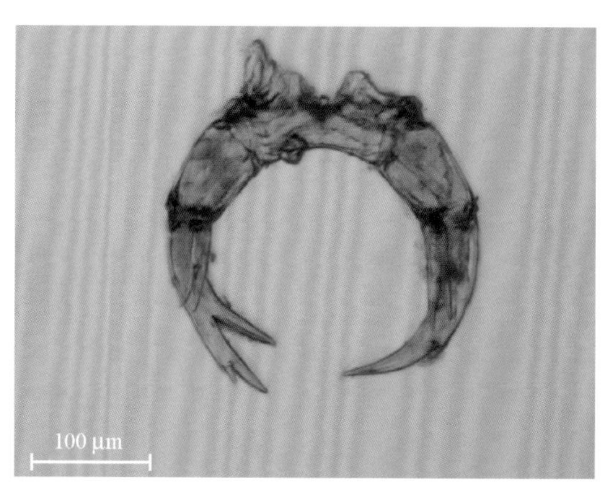

▲ 第 5 胸足（♀）

瘦尾简角水蚤 *Pontellopsis tenuicauda*

体长 1.6~2.3 mm（♀），1.4~1.7 mm（♂）

形态特征 雄性头胸部狭小，胸部后侧角不对称，左侧角短而钝，右侧角为长刺突，末部稍向后内弯，可达肛节；腹部分5节，生殖节右侧缘具1小突起，第2、第3节右侧缘均隆起并具密细毛；第5胸足不对称，左足狭长，右足末2节呈螯状，第3节粗短。

采集地 北部湾近岸海域

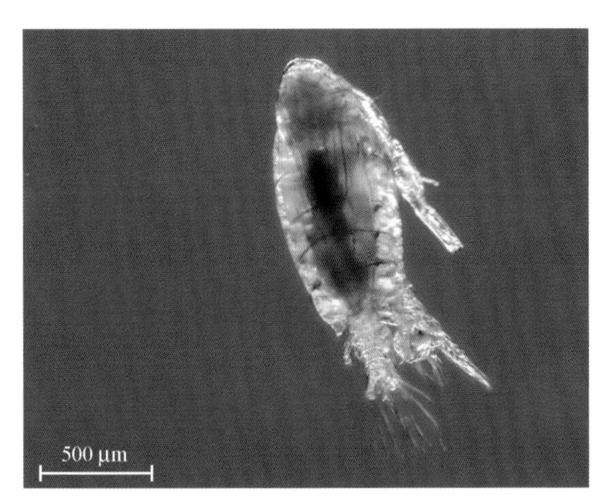

▲ 整体背面观（♂）

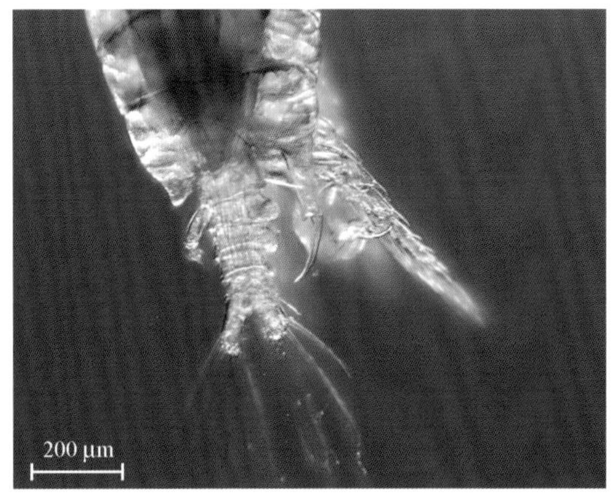

▲ 腹部背面观（♂）

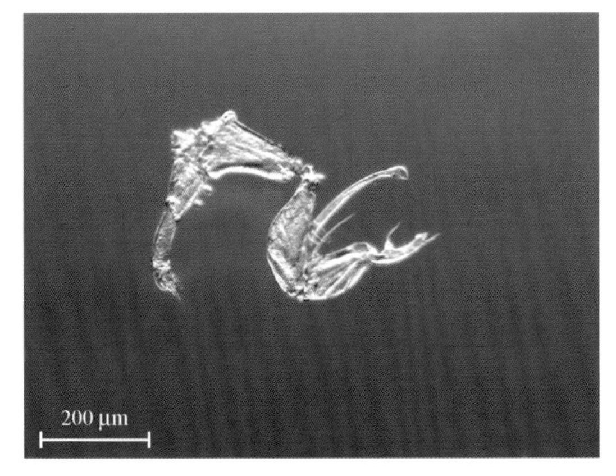

▲ 第5胸足后面观（♂）

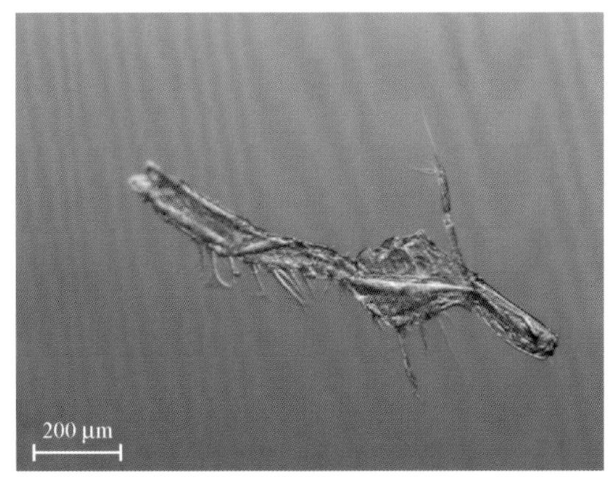

▲ 右第1触角（♂）

伪镖水蚤科 Family Pseudodiaptomidae

缺刻伪镖水蚤 *Pseudodiaptomus incisus*

体长 1.2 mm（♀），0.9 mm（♂）

形态特征 雌性胸部后侧角具三角形刺突；第5胸足单肢型且对称。雄性胸部后侧角较雌性的尖小；第5胸足不对称，左足第1节内末缘具1小突起，第2节长大，内末缘具1小指状突，第3节外末部具1长刺可达末节近末端，右足末节基部粗大，具2根近等长的爪状刺。

采集地 北部湾近岸海域

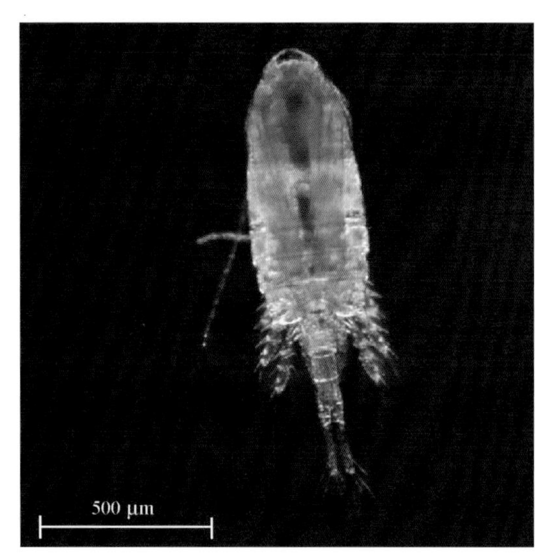

▲ 整体背面观（♀）

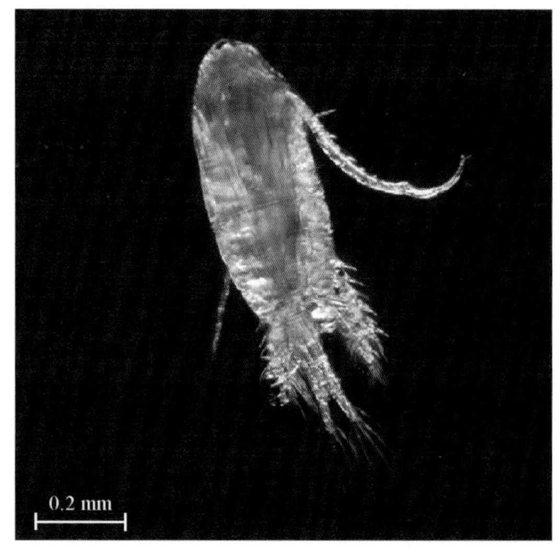

▲ 整体背面观（♂）

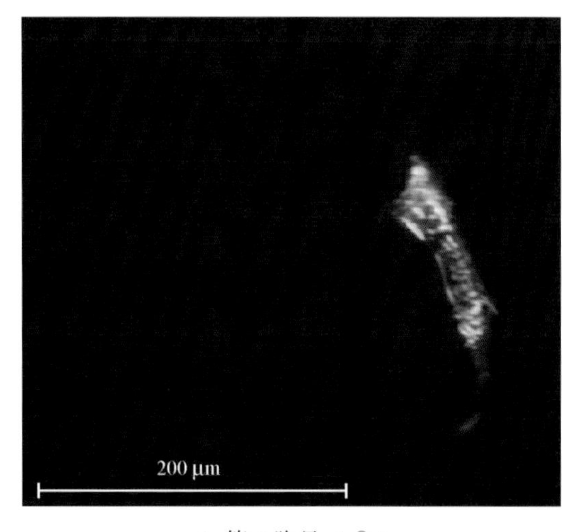

▲ 第5胸足（♀）

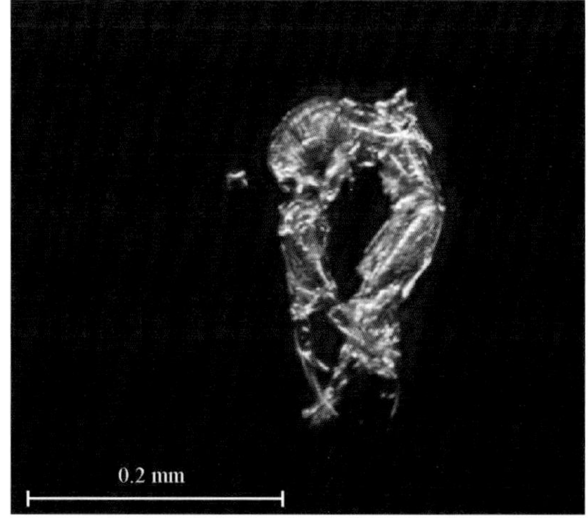

▲ 第5胸足（♂）

刷状伪镖水蚤 *Pseudodiaptomus penicillus*

体长 1. 1~1. 2 mm（♀），0. 8~1. 0 mm（♂）

形态特征 雌性头部与第 1 胸节愈合；胸部后侧角尖锐呈翼状，背末缘有 1 对小背刺；生殖节不对称，腹面生殖突上具 2 长刺；第 5 胸足单肢型且对称。

采集地 北部湾近岸海域

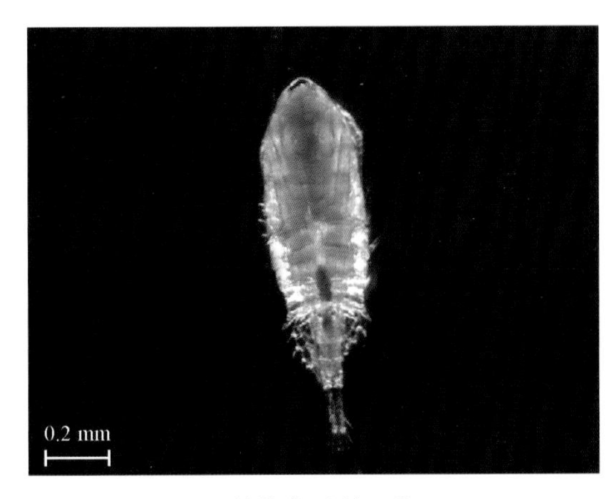

▲ 整体背面观（♀）

▲ 整体侧面观（♀）

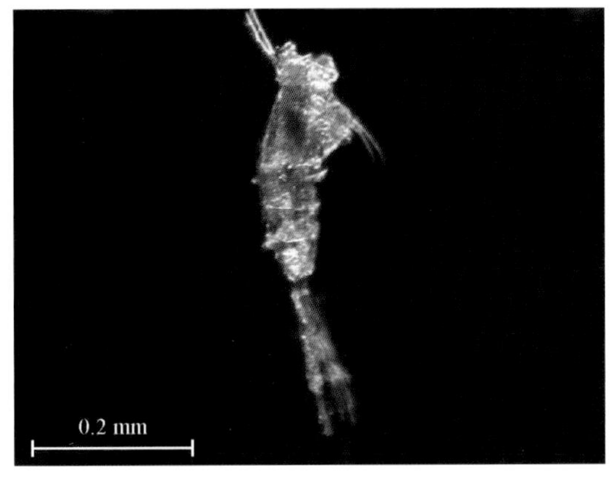

▲ 腹部侧面观（♀）

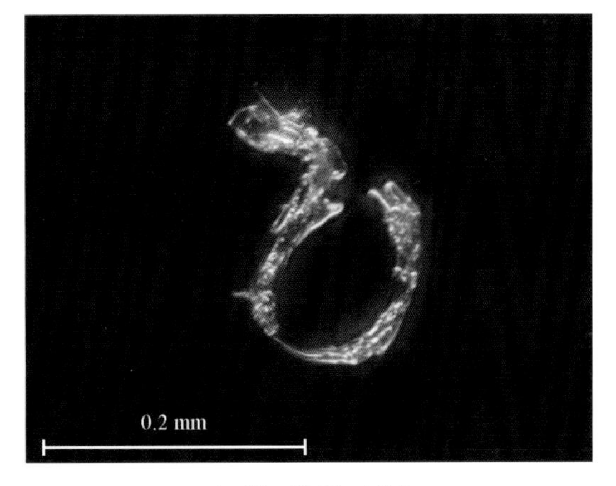

▲ 第 5 胸足（♀）

火腿伪镖水蚤 *Pseudodiaptomus poplesia*

体长 1. 2~2. 2 mm（♀），1. 2~1. 9 mm（♂）

形态特征 雄性胸部后侧角钝圆；第 5 胸足单肢型且不对称，左第 5 胸足第 2 节内缘镰刀状突起的末端尖锐，其内缘中部具 1 粗刺突，末节粗短，具 1 小外缘刺，内末缘具 1 火腿状突起，其基部狭长，末部膨大；右第 5 胸足第 2 节内缘近端具尖锥形突起，中部另具 1

小齿突，第 3 节具 1 外末刺和 1 小内缘刺毛，末节细长，呈钩状。

采集地　北部湾近岸海域

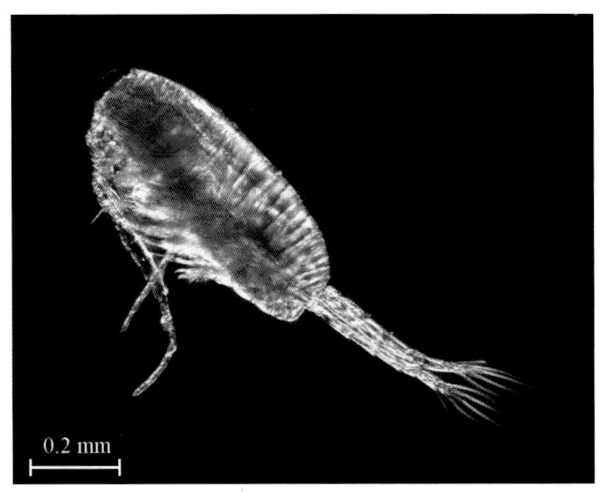

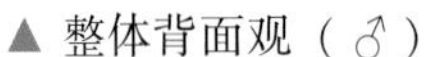
▲ 整体背面观（♂）

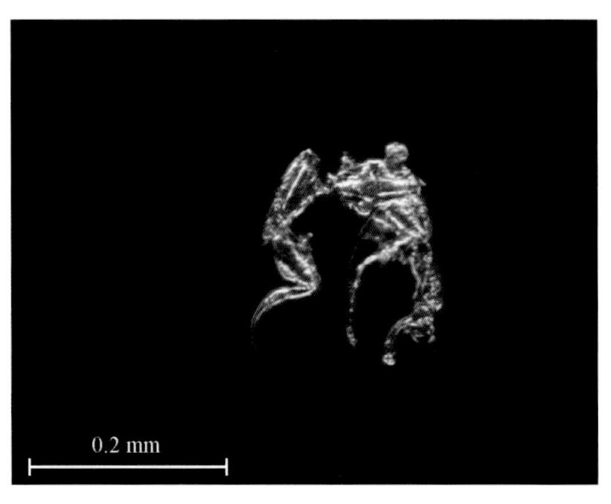

▲ 第 5 胸足前面观（♂）

厚壳水蚤科 Family Scolecithricidae

长刺小厚壳水蚤 *Scolecithricella longispinosa*

体长　1.1~1.2 mm（♀）

形态特征　雌性头胸部呈长卵圆形，头部前端较尖锐，胸部后侧角呈钝圆突起；腹部分 4 节，生殖节长度约为前 2 节长度之和。

采集地　北部湾近岸海域

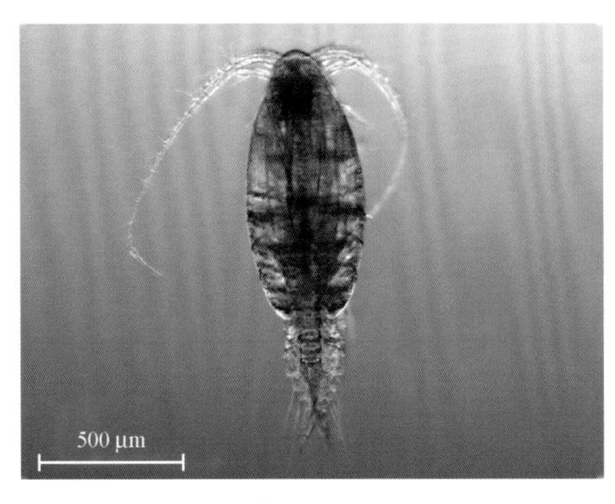

▲ 整体背面观（♀）

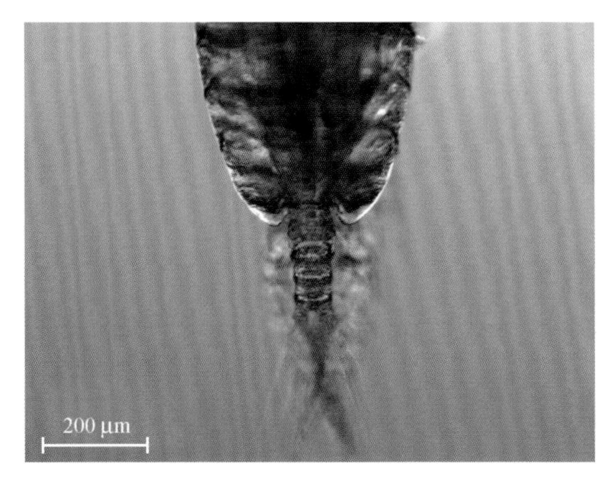

▲ 腹部背面观（♀）

丹氏厚壳水蚤 *Scolecithrix danae*

体长　1.8~2.5 mm（♀），1.9~2.4 mm（♂）

形态特征　雌性末胸节后侧角突出且尖锐，可达生殖节中部；生殖节背面宽大，腹面生殖凸起膨胀呈铲状并向下覆盖第 2 腹节。雄性第 5 胸足不对称，左足双肢型，第 2 基节狭长，外肢分 3 节，第 1、第 2 节近等长，末节较短，内肢单节，长达外肢第 2 节末缘。

采集地　北部湾中部海域

▲ 整体背面观（♀）

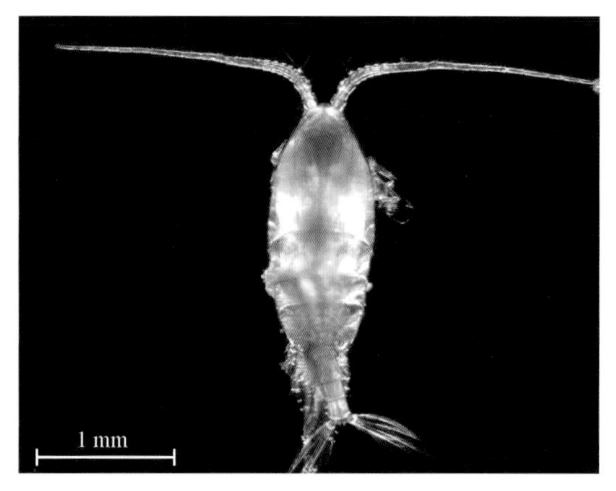

▲ 整体背面观（♂）

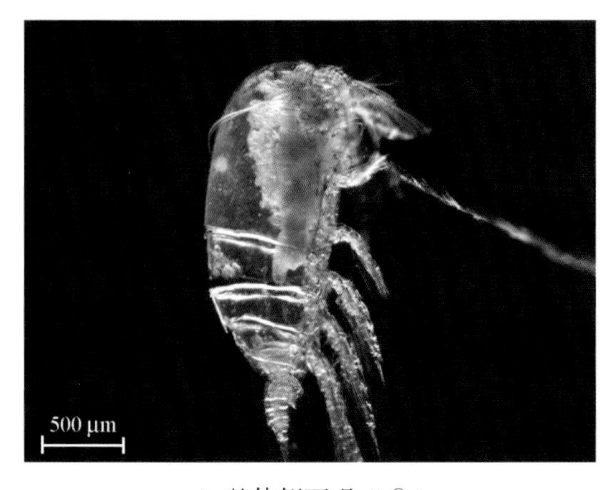

▲ 整体侧面观（♀）

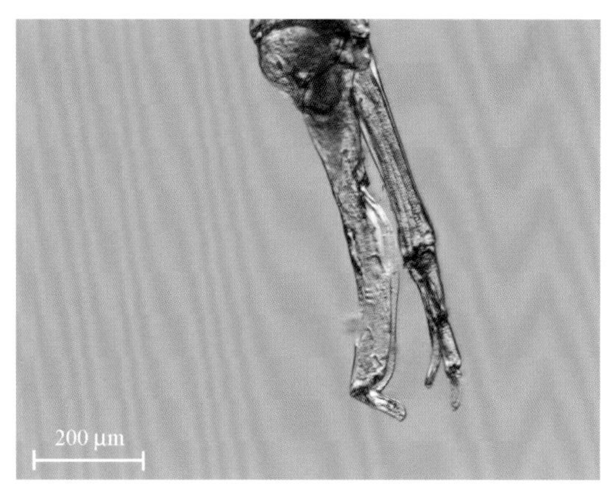

▲ 第 5 胸足左足（♂）

宽水蚤科 Family Temoridae

太平洋真宽水蚤 *Eurytemora pacifica*

体长　1.1~1.3 mm（♀），0.9~1.1 mm（♂）

形态特征　雌性胸部后侧角发达，翼状突呈三角形，近对称，可达生殖节末端；腹部分3节，生殖节两侧中部突出而不对称；尾叉长约为宽的3倍，约与肛节等长。

采集地　北部湾南部海域

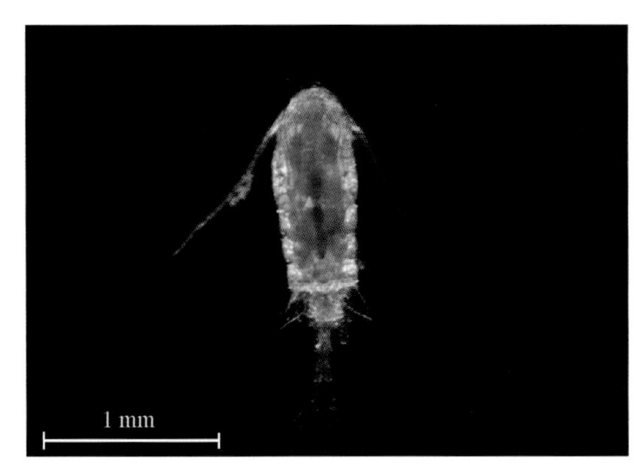

▲ 整体背面观（♀）

200 μm

▲ 腹部背面观（♀）

锥形宽水蚤 *Temora turbinata*

体长　1.1~1.7 mm（♀），1.0~1.5 mm（♂）

形态特征　雌性头胸部粗壮，前额宽圆，胸部后侧角钝圆而对称；生殖节较长大，肛节宽短并对称；尾叉狭长近对称，其长为宽的7~8倍。

采集地　北部湾近岸海域

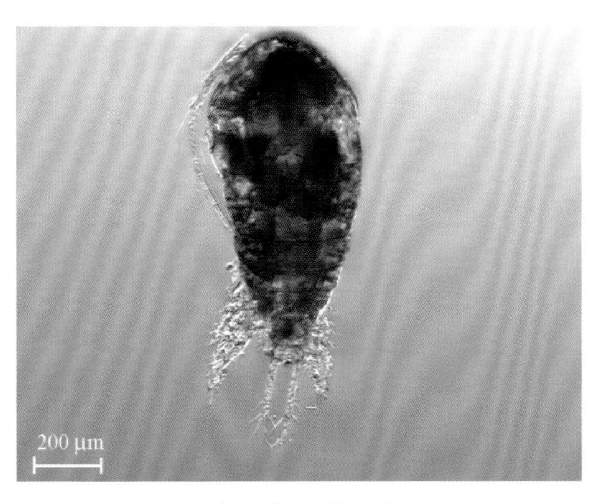

▲ 整体背面观（♀）

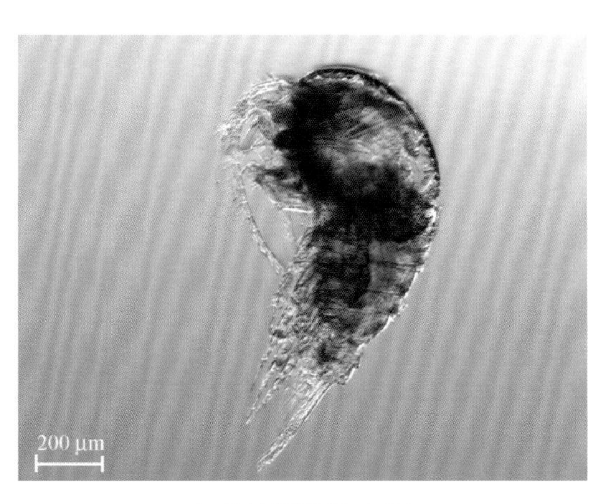

▲ 整体侧面观（♀）

异尾宽水蚤 *Temora discaudata*

体长　1.4~2.1 mm（♀），1.3~1.9 mm（♂）

形态特征　头胸部粗壮，前额宽圆。雌性胸部后侧角左右对称并可达生殖节末端；肛节和尾叉均不对称，右侧较左侧稍长。雄性后侧角不对称，左侧刺比右侧刺长大；腹部分5节，各节均宽短，肛节和尾叉对称；第5胸足不对称，左足呈钳状，右足末节弯曲，呈钩状。

采集地　北部湾近岸海域

▲ 整体背面观（♀）

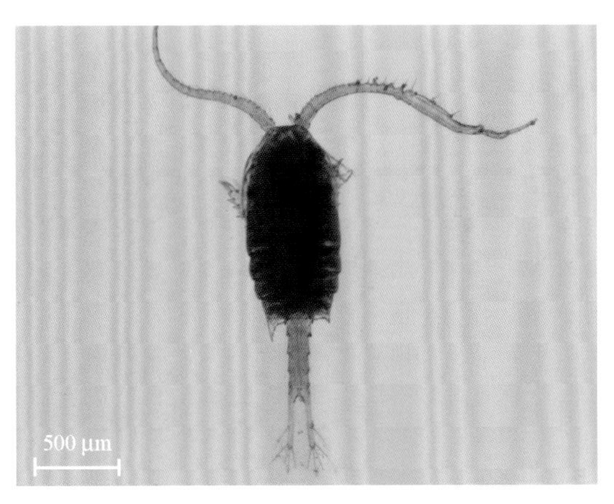

▲ 整体背面观（♂）

▲ 腹部背面观（♀）

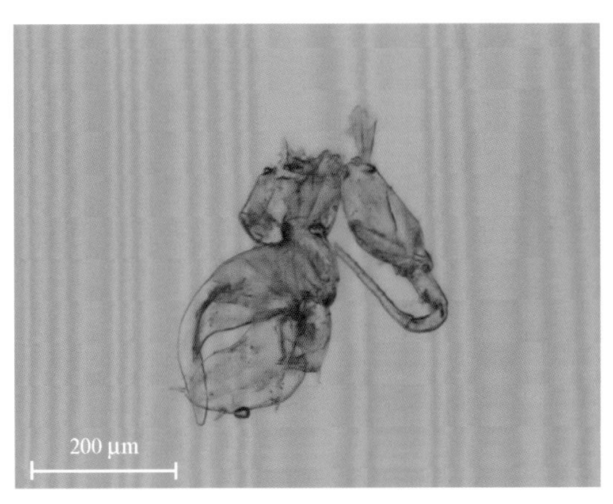

▲ 第5胸足前面观（♂）

歪水蚤科 Family Tortanidae

瘦形歪水蚤 *Tortanus*（*Tortanus*）*gracilis*

体长 1. 6~1. 8 mm（♀），1. 4 mm（♂）

形态特征 雌性尾叉狭长，右叉稍长于左叉；第 5 胸足左足稍长于右足。雄性尾叉长度为基部宽度的 12 倍；第 5 胸足末节内缘具 1 小刺，外缘近端具 1 小齿突。

采集地 北部湾近岸海域

▲ 整体背面观（♀）

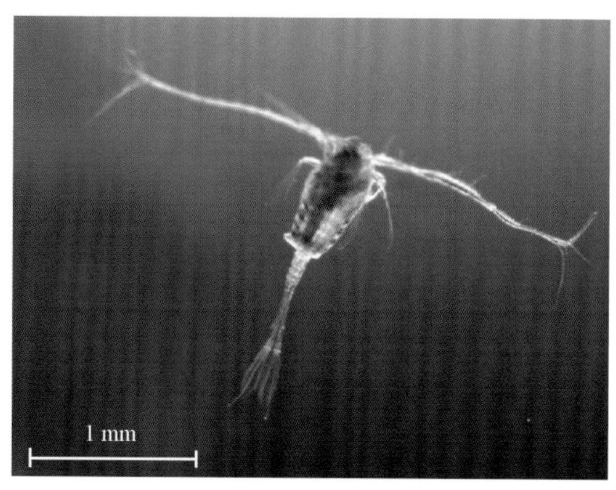

▲ 整体背面观（♂）

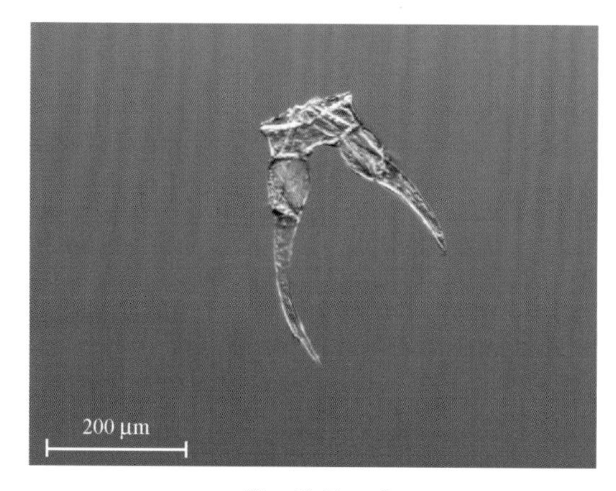

▲ 第 5 胸足（♀）

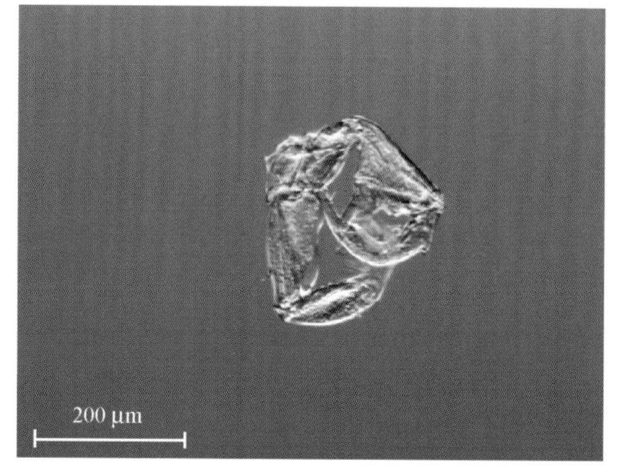

▲ 第 5 胸足（♂）

钳形歪水蚤 *Tortanus*（*Tortanus*）*forcipatus*

体长 1. 2~2. 0 mm（♀），1. 0~1. 1 mm（♂）

形态特征 雌性尾叉狭长，左叉基部重叠在右叉下方；第 5 胸足左足末节长约为右足末节长的 2 倍。

采集地 北部湾近岸海域

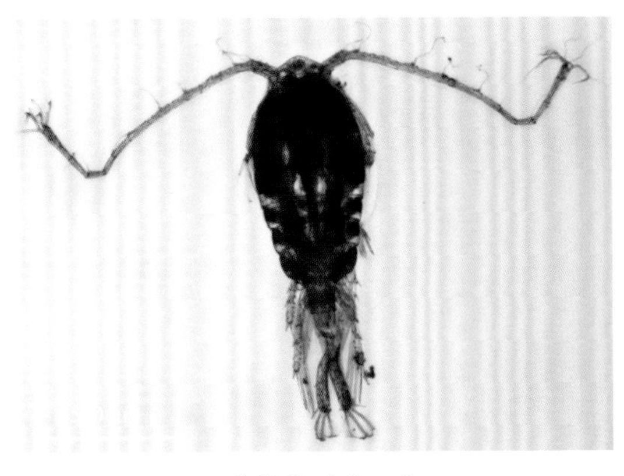

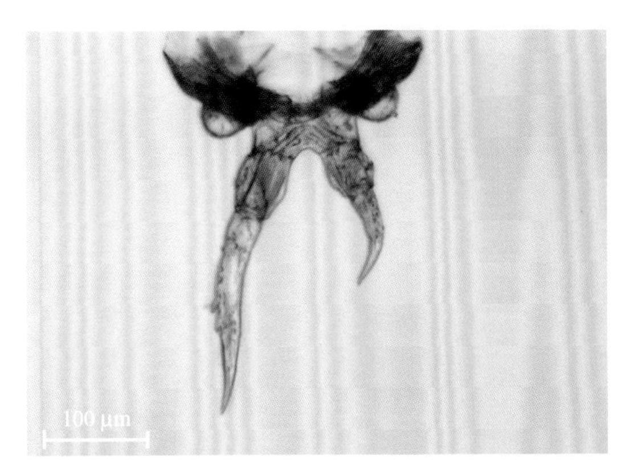

▲ 整体背面观（♀）

▲ 第 5 胸足（♀）

剑水蚤目 Order CYCLOPOIDA

长腹剑水蚤科 Family Oithonidae

坚双长腹剑水蚤 *Dioithona rigida*

体长　0.7~0.9 mm（♀），0.6~0.7 mm（♂）

形态特征　雌性前体部呈卵圆形；前额宽平，无额角；第 4 胸节两侧后缘钝突，顶端各具 1 小刺；生殖节基部两侧稍膨大；尾叉长约为宽的 3 倍；第 1 触角较短，向后仅达第 2 胸节后端；第 4 胸足对称，外肢末端刺短于外肢末节。

采集地　北部湾近岸海域

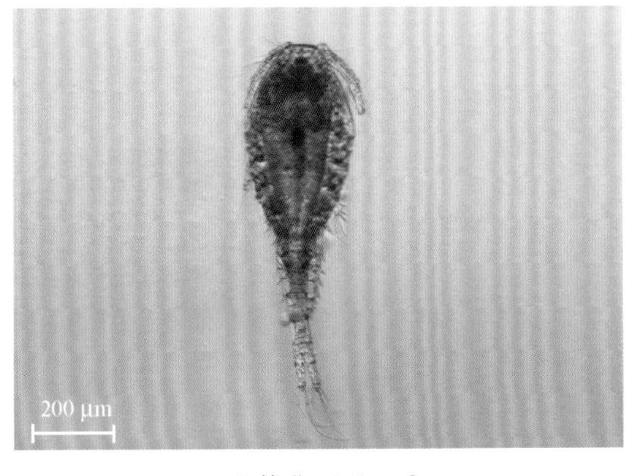

▲ 整体背面观（♀）

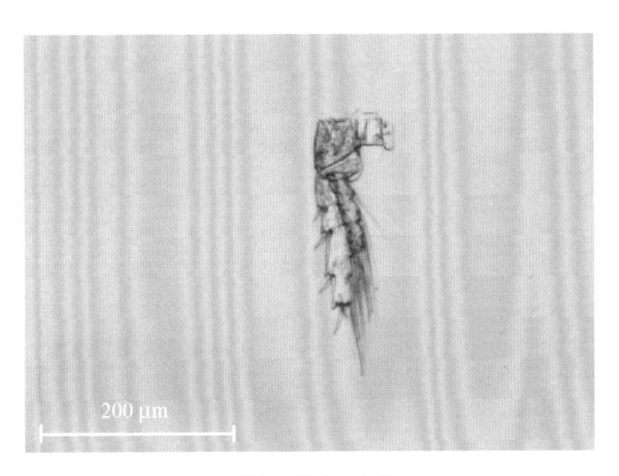

▲ 第 4 胸足（♀）

简长腹剑水蚤 *Oithona simplex*

体长　0.4~0.5 mm（♀），0.4~0.5 mm（♂）

形态特征　体形较小。雄性前额宽平，无额角。

采集地　北部湾近岸海域

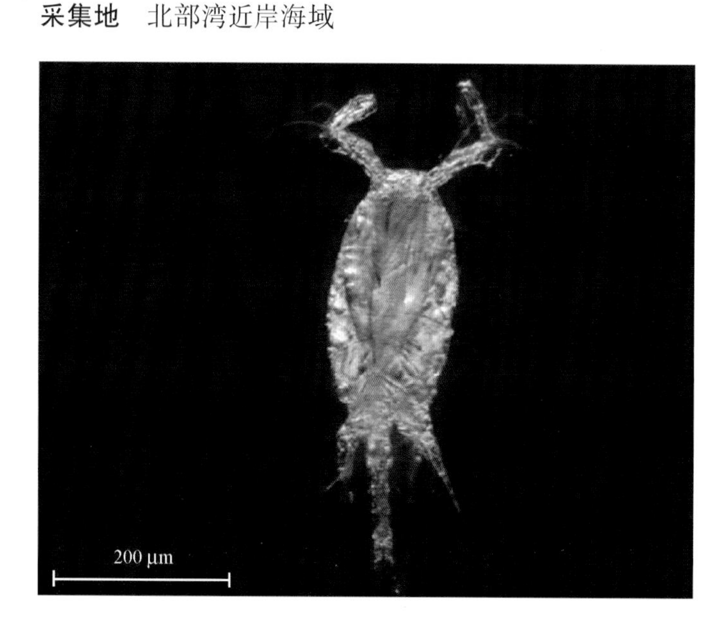

◀ 整体背面观（♂）

大西洋长腹剑水蚤 *Oithona atlantica*

体长　1.0~1.4 mm（♀）

形态特征　雌性前体部呈纺锤形，额角尖锐，尾叉长为宽的3~4倍。

采集地　北部湾近岸海域

▲ 整体背面观（♀）

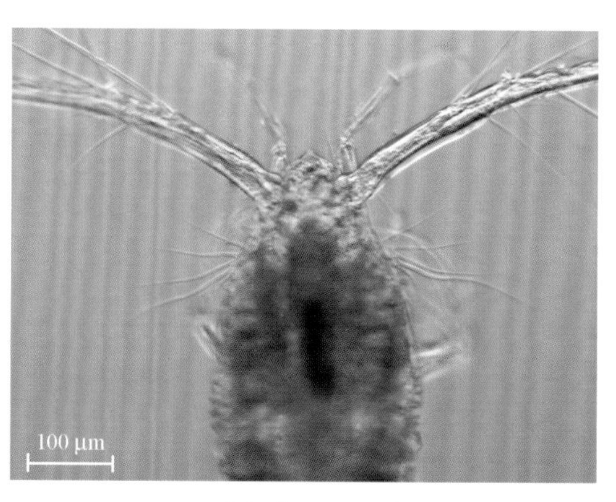

▲ 头部背面观（♀）

拟长腹剑水蚤 *Oithona similis*

体长　0.7~1.1 mm（♀），0.5~0.8 mm（♂）

形态特征　雄性前体部呈长椭圆形，前额宽平，无额角。

采集地　北部湾近岸海域

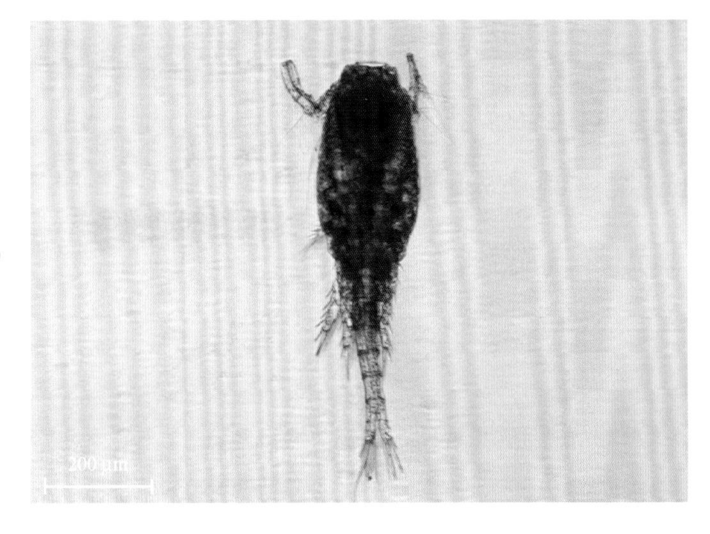

▶ 整体背面观（♂）

细长腹剑水蚤 *Oithona attenuata*

体长　0.7~0.9 mm（♀），0.5~0.6 mm（♂）

形态特征　雌性前额钝圆或稍截平，无额角，前体部短于后体部，长为宽的2.5~3倍；尾叉长约为宽的4倍；第4胸足外肢各节外缘刺数分别为1、1、2。

采集地　北部湾近岸海域

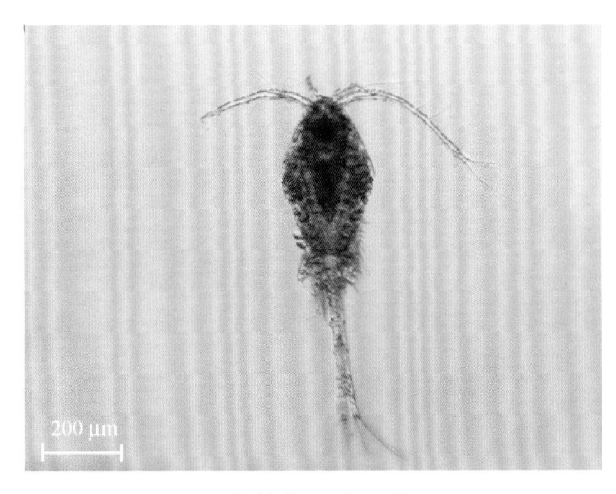

▲ 整体背面观（♀）

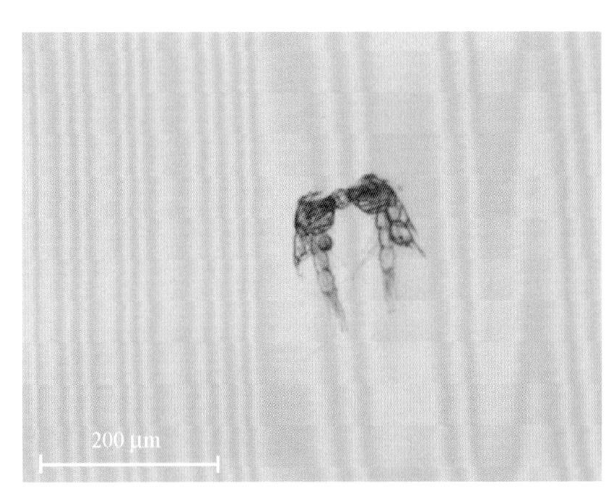

▲ 第4胸足（♀）

长刺长腹剑水蚤 *Oithona longispina*

体长 0.9~1.1 mm（♀）

形态特征 雌性前体部纺锤形；前额尖锐，额角粗大；生殖节长度约为后2节长度之和；尾叉长约为宽的3倍；第4胸足外肢末节外缘刺细长且直，与末刺基本等长。

采集地 北部湾近岸海域

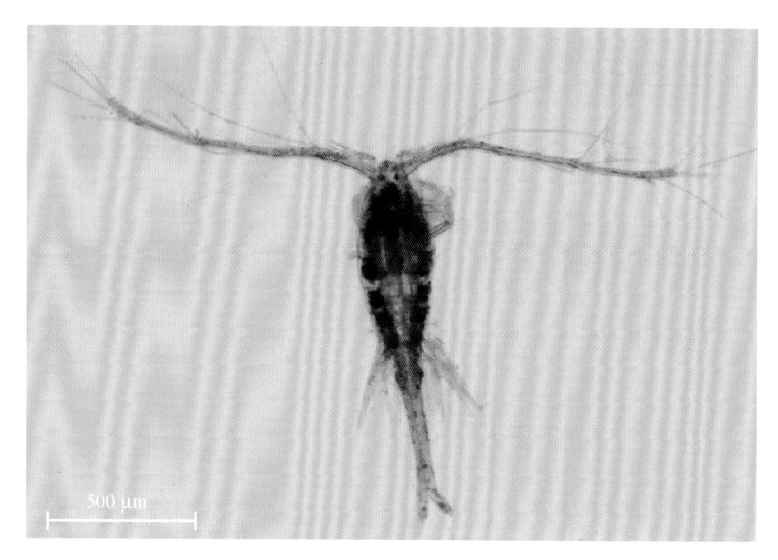

▲ 整体背面观（♀）

▲ 第4胸足（♀）

线长腹剑水蚤 *Oithona linearis*

体长 1. 1 mm（♀）

形态特征 雌性身体很瘦长，前体部仅稍宽于后体部，前体部长约为宽的3. 5倍，前额宽平。

采集地 北部湾近海海域

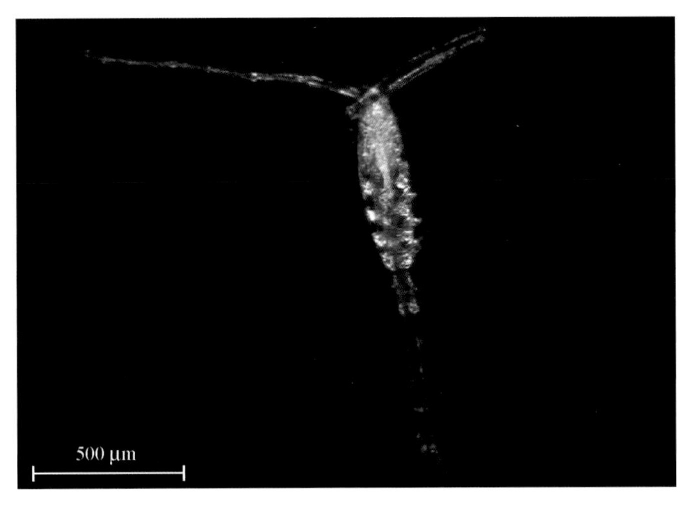

▲ 整体背面观（♀）

Myicolidae 科 Family Myicolidae

拟海蛎蚤 *Ostrincola similis*

体长 0. 75 mm（♀），0. 80 mm（♂）

形态特征 头胸部呈卵圆形，额部前端宽圆。雌性生殖节膨大，其长约为宽的 2 倍。雄性生殖节近乎正方形。

采集地 北部湾近岸海域

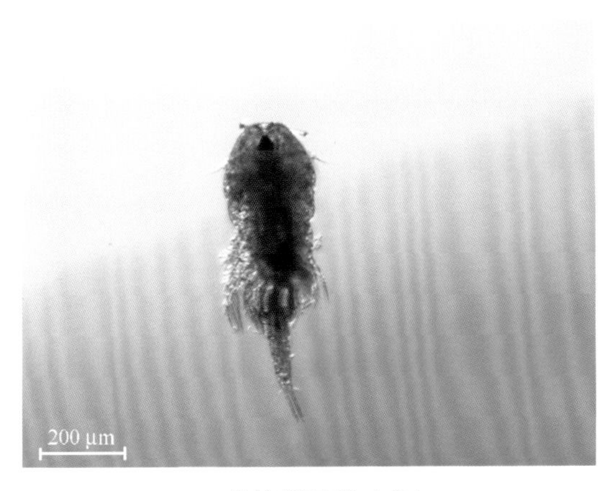

▲ 整体背面观（♀）

▲ 整体背面观（♂）

猛水蚤目 Order HARPACTICOIDA

长猛水蚤科 Family Ectinosomatidae

小毛猛水蚤 *Microsetella norvegica*

体长 0.35~0.70 mm（♀），0.33~0.66 mm（♂）

形态特征 雌性身体瘦长，头胸部和腹部的分界不明显；具1尖小且向腹面弯曲的额角；末端刚毛很长，为体长的1~1.5倍；第5胸足为片状，分2节，第1节顶端具2个不等长的粗刺，第2节具2个不等长的粗刺。雄性体型与雌性相似。

采集地 北部湾近岸海域

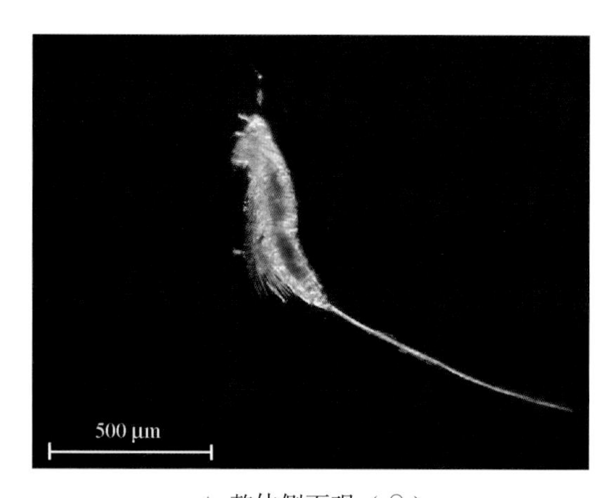

▲ 整体侧面观（♀）

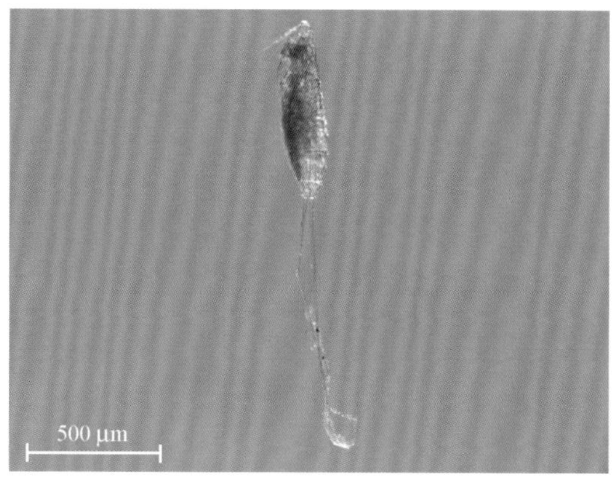

▲ 整体背面观（♂）

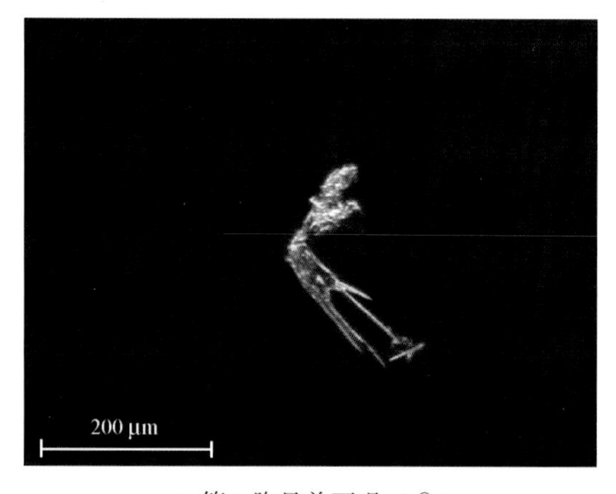

▲ 第5胸足前面观（♀）

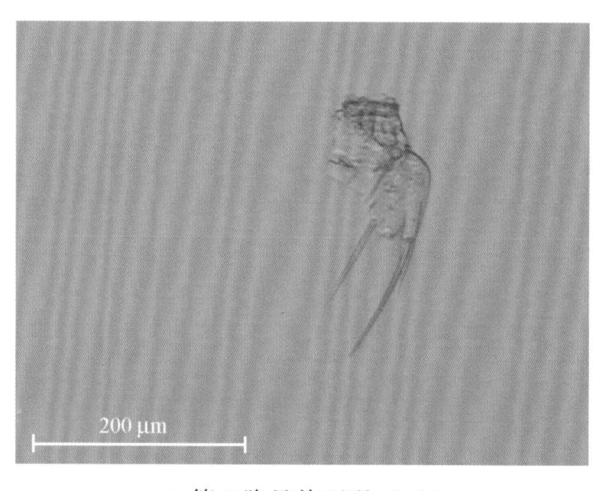

▲ 第5胸足前面观（♂）

谐猛水蚤科 Family Euterpinidae

尖额谐猛水蚤 *Euterpina acutifrons*

体长 0.50~0.76 mm（♀），0.50~0.70 mm（♂）

形态特征 雌性体呈纺锤形，头胸部宽于后体部腹部；额部尖锐，呈喙状。

采集地 北部湾近岸海域

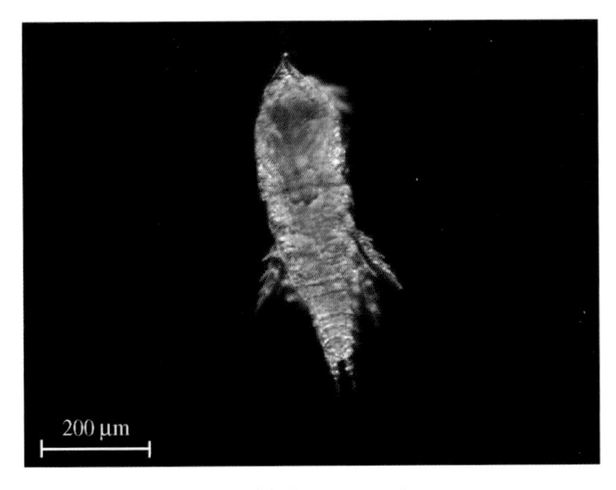

▲ 整体背面观（♀）

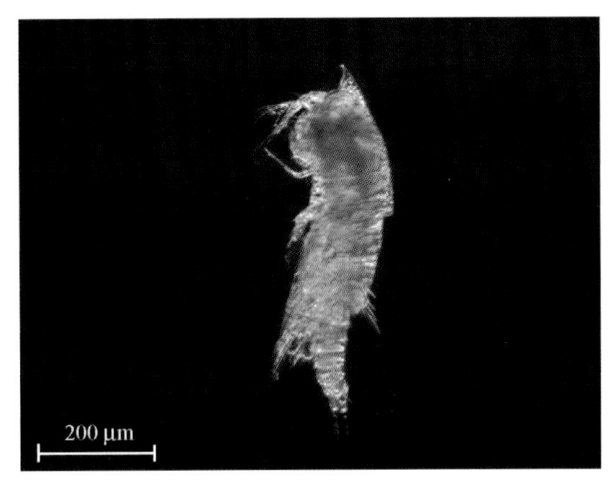

▲ 整体侧面观（♀）

殊足猛水蚤科 Family Thalestridae

短角拟指猛水蚤 *Paradactylopodia brevicornis*

体长 0.50~0.65 mm（♀），0.45~0.55 mm（♂）

形态特征 雌性前额有一小三角形突起，头胸部较宽，向后逐渐变窄；侧面观，前额突出呈刺状；尾叉细长，约为体长的1/2；第5胸足分4节，其中第2、第3节较粗大。

采集地 北部湾近岸海域

▲ 整体侧面观（♀）

▲ 整体背面观（♀）

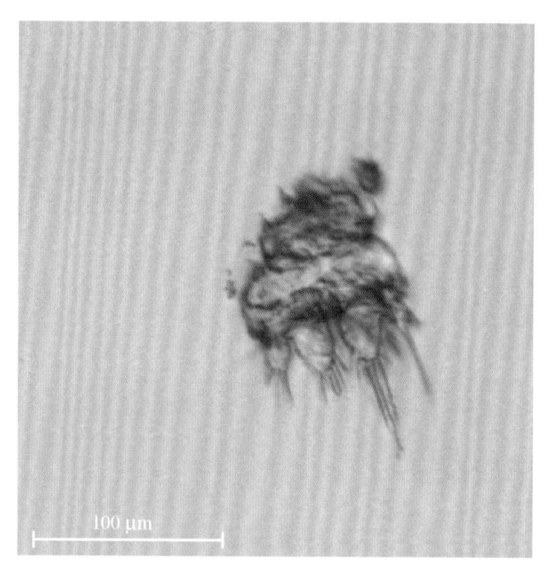

▲ 第 5 胸足（♀）

萨氏双节猛水蚤 *Diarthrodes sarsi*

体长　0. 68 mm（♀）

形态特征　雌性侧面观，背部明显隆起；第 5 胸足分 2 节，约有 4 个刺突。

采集地　北部湾近岸海域

▲ 整体侧面观（♀）

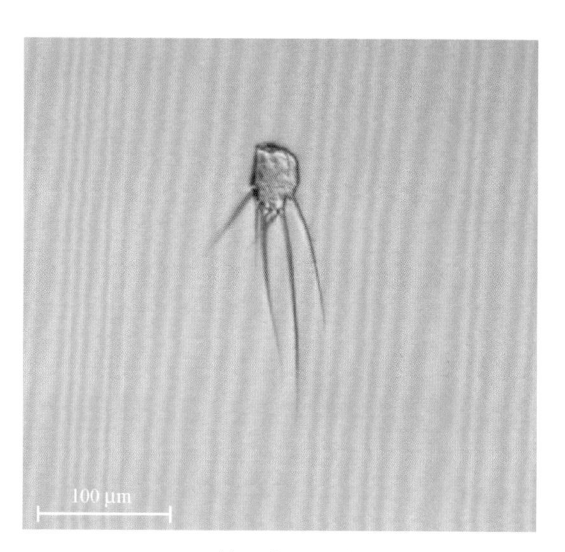

▲ 第 5 胸足（♀）

盔头猛水蚤科 Family Clytemnestridae

小盆盔头猛水蚤 *Clytemnestra scutellata*

体长 0.86~1.90 mm（♀）

形态特征 雌性前体部分4节，前额有一小三角形突起，头部至第4胸节后侧突出呈翼状；生殖节近正方形；第5胸足单肢型，分2节，末端有刚毛。

采集地 北部湾近岸海域

▲ 整体背面观（♀）

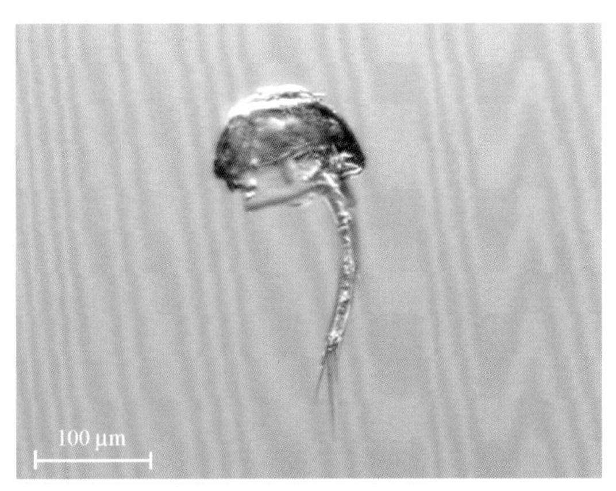

▲ 第5胸足（♀）

粗毛猛水蚤科 Family Miraciidae

瘦长毛猛水蚤 *Macrosetella gracilis*

体长 1.1~1.5 mm（♀），1.0~1.3 mm（♂）

形态特征 雌性身体瘦长，前额狭尖，额角粗短，呈活动片状；前体部4节，后体部5节；尾叉长约为宽的10倍，第2尾刚毛稍长于体长；第5胸足单肢型，分2节，第1节内小叶末端具4刺毛，其中有1根很长的羽状刺毛，第2节具6刺毛，其中有3~4根较长的羽状刺毛。

采集地 北部湾近岸海域

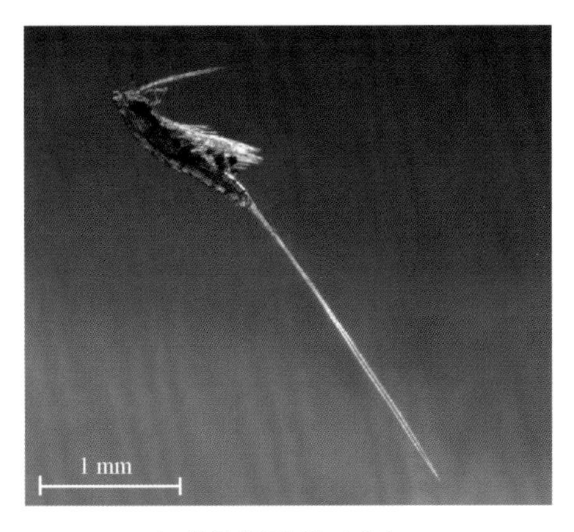

▲ 整体侧面观（♀）

▲ 前体部侧面观（♀）

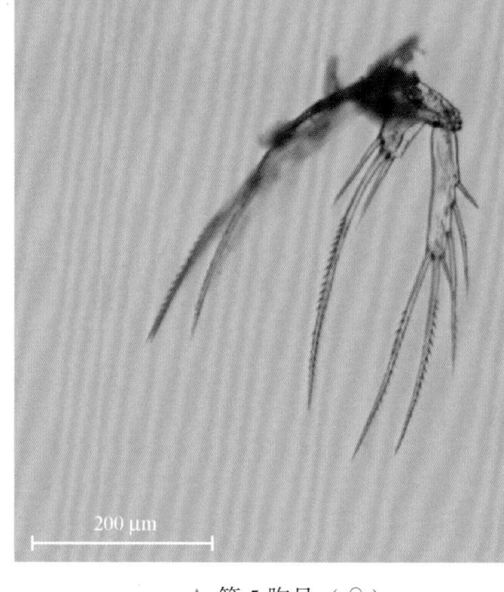

▲ 第 5 胸足（♀）

阿玛猛水蚤科 Family Ameiridae

长足阿玛猛水蚤 *Ameira longipes*

体长 0.75 mm（♀）

形态特征 雌性体呈长圆柱状，前额钝圆；第 1 胸足呈细长的枝状，末端具 1 长刺突；第 5 胸足的左、右足不对称，但外侧缘都具多个小锯齿，末缘具 3 个粗刺。

采集地 北部湾近岸海域

▲ 整体背面观（♀）

▲ 整体侧面观（♀）

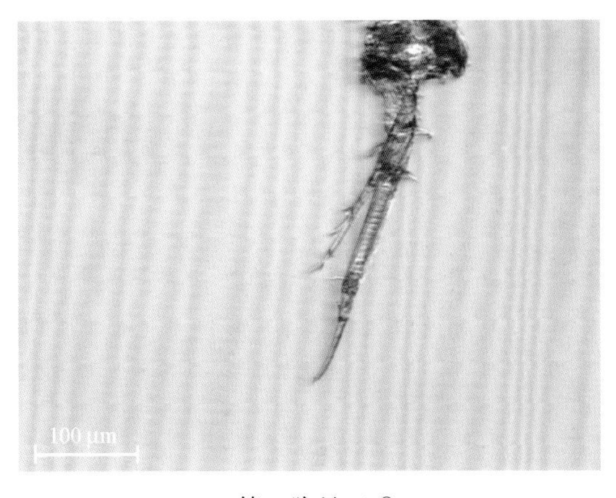

▲ 第 1 胸足（♀）

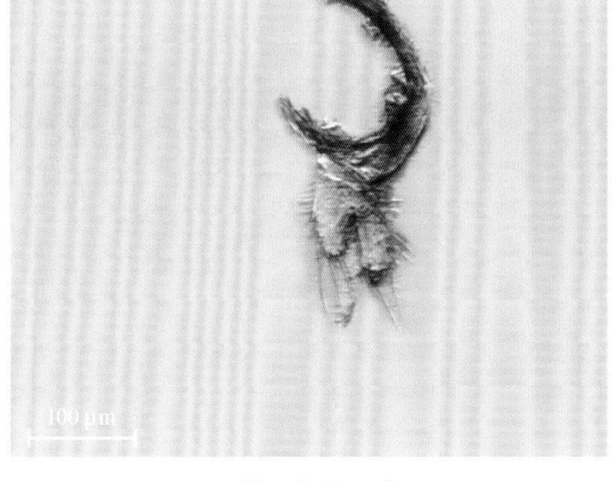

▲ 第 5 胸足（♀）

鞘口水蚤目 Order POECILOSTOMATOIDA

大眼水蚤科 Family Corycaeidae

美丽大眼水蚤 *Corycaeus speciosus*

体长 1. 86~2. 07 mm（♀），1. 48~1. 77 mm（♂）

形态特征 雌性第 3 胸节后侧角长达生殖节末缘；生殖节呈长卵形，其长度为肛节长的 2 倍多；左、右尾叉显著撇开；第 2 触角内末缘具 2 个不等大的锐齿；第 4 胸足内肢具 1 小节和 1 刺毛。

采集地 北部湾中部海域

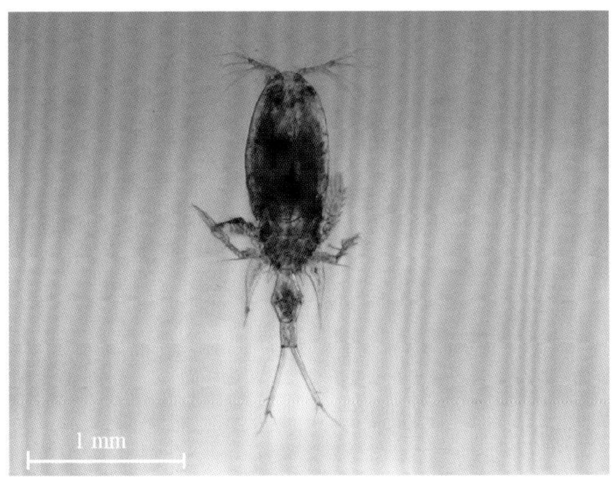

▲ 整体背面观（♀）

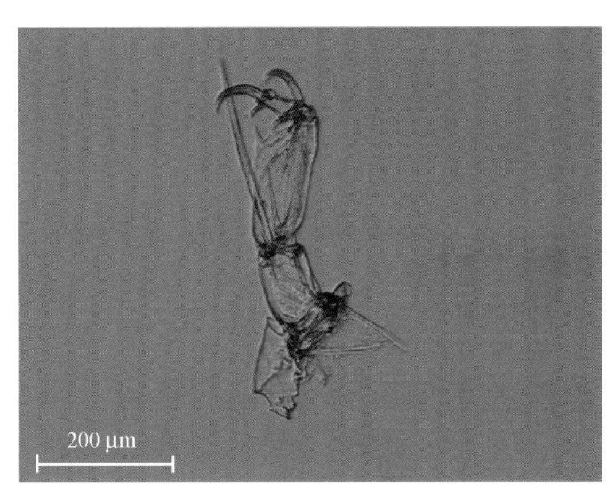

▲ 第 2 触角（♀）

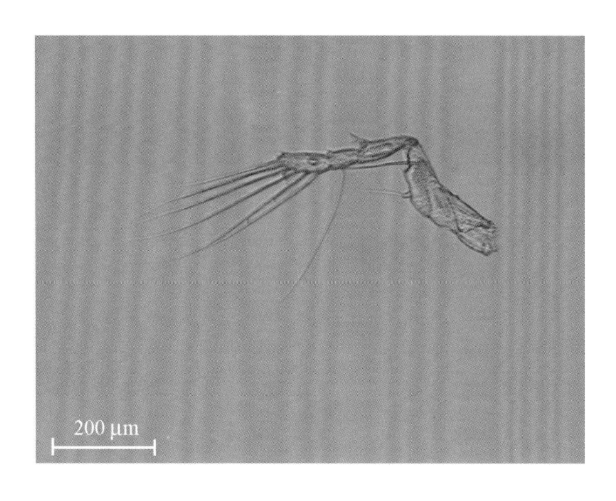

◀ 第 4 胸足（♀）

红大眼水蚤 *Ditrichocorycaeus dubius*

体长　0. 95~1. 10 mm（♀），0. 84~0. 88 mm（♂）

形态特征　雄性第 3 胸节后侧角尖锐，长度至生殖节的中部；腹部前半部稍膨大，腹部长为宽的 1. 3~1. 5 倍；肛节长为宽的 2~2. 5 倍；第 2 触角的第 1、第 2 基节内刺等长，第 2 基节内末缘具 2 个锐齿。

采集地　北部湾近岸海域

▲ 整体背面观（♂）

▲ 整体侧面观（♂）

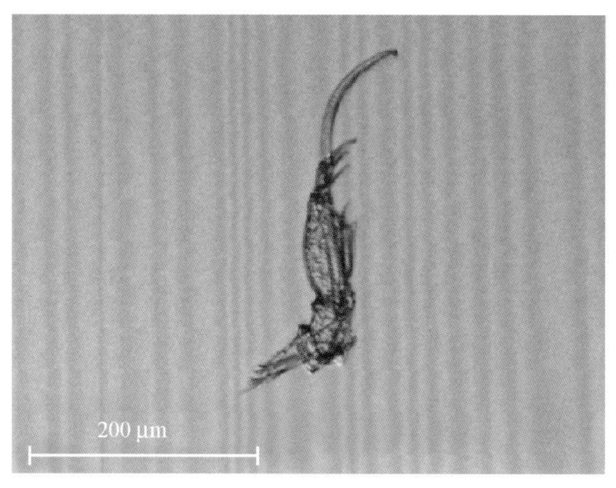

▲ 第 2 触角（♂）

亮大眼水蚤 *Ditrichocorycaeus andrewsi*

体长 1.00~1.07 mm（♀），0.82~0.88 mm（♂）

形态特征 雄性后侧角较长，至生殖节的1/3处；生殖节明显膨大，呈椭圆形；肛节长为基部宽的1.3倍；第2触角的第2基节内末缘具1个锐齿。

采集地 北部湾近岸海域

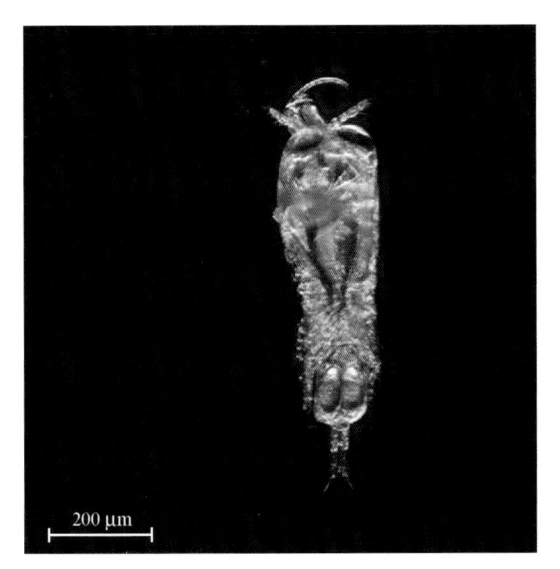

▲ 整体背面观（♂）

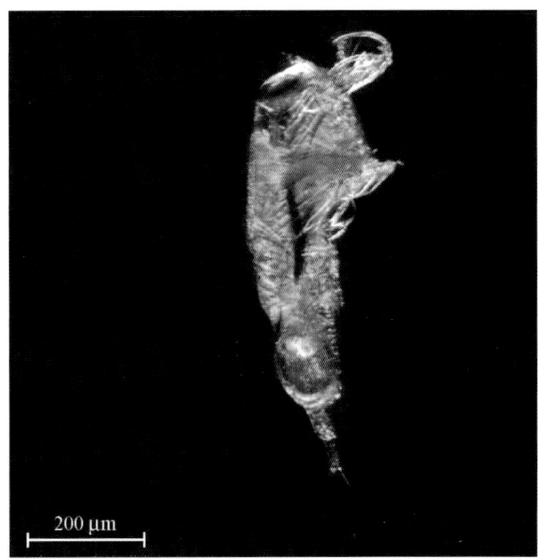

▲ 整体侧面观（♂）

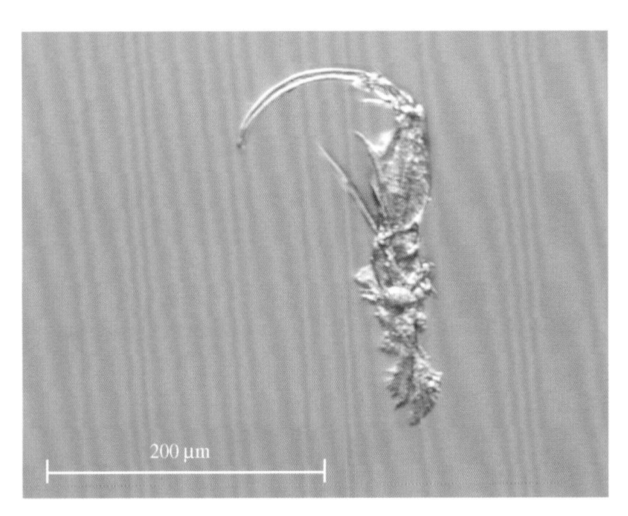

▲ 第2触角（♂）

东亚大眼水蚤 *Ditrichocorycaeus asiaticus*

体长 1. 15~1. 26 mm（♀），1. 04~1. 12 mm（♂）

形态特征 雌性后侧角较长，至生殖节的 1/3 处；生殖节后部较宽大，长为基部宽的 1. 2 倍；肛节长为宽的 1. 5~2 倍；尾叉稍长于肛长，长为宽的 6 倍；第 2 触角的第 1 基节内刺长约为第 2 基节内刺长的 2 倍。

采集地 北部湾近岸海域

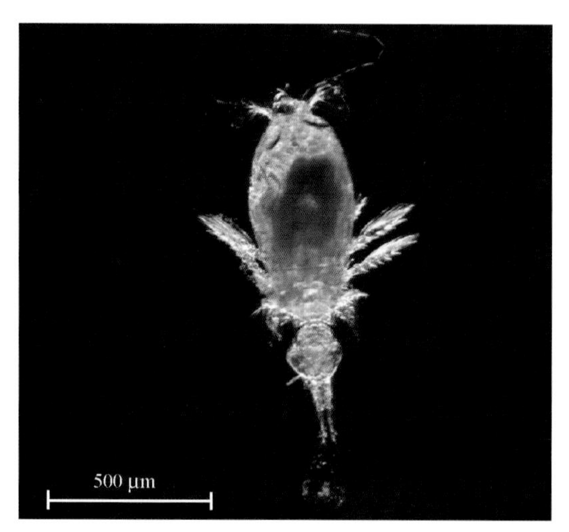

▲ 整体背面观（♀）

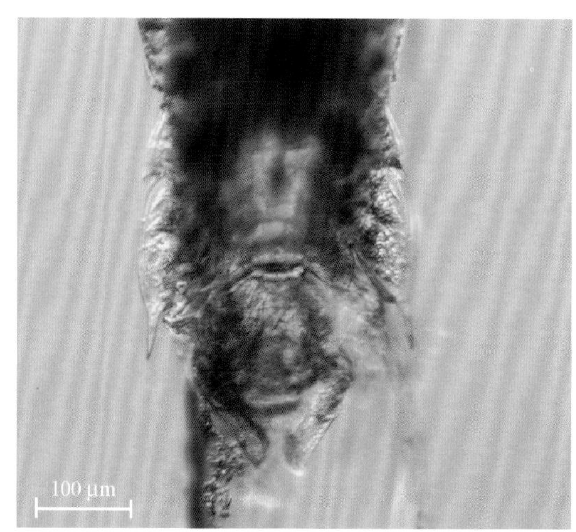

▲ 腹部背面观（♀）

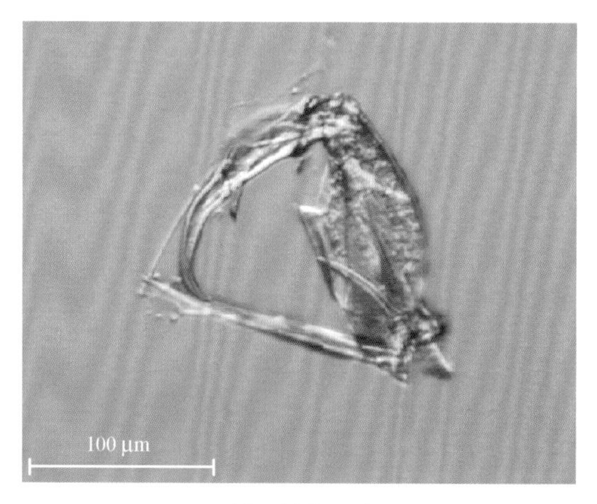

▲ 第 2 触角（♀）

微胖大眼水蚤 *Corycaeus crassiusculus*

体长　1. 15~1. 26 mm（♀），1. 44~1. 89 mm（♂）

形态特征　雌性第 3、第 4 胸节愈合，第 3 胸节后侧角可达生殖节近末端；第 2 触角第 2 基节内末缘具 2 个大小不等的锐齿；尾叉长为宽的 6~8 倍；第 4 胸足内肢具 1 小节和 1 短刺毛。

采集地　北部湾近岸海域

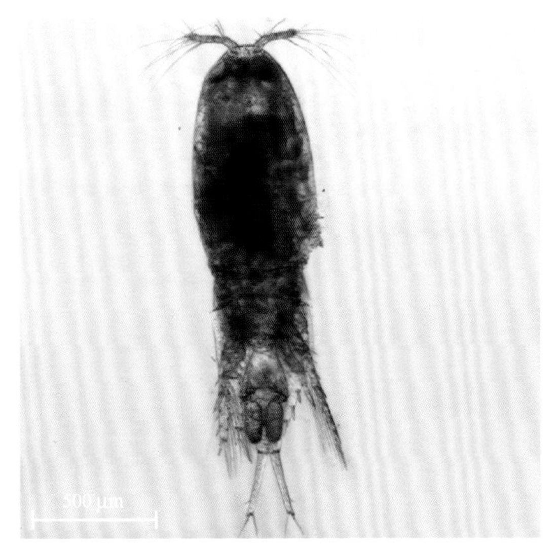

▲ 整体背面观（♀）

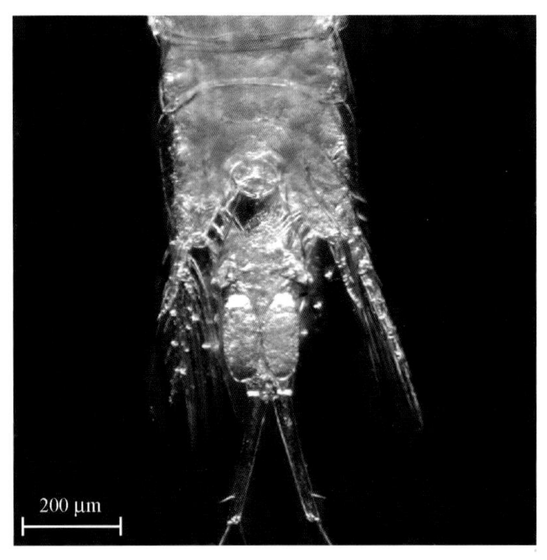

▲ 腹部背面观（♀）

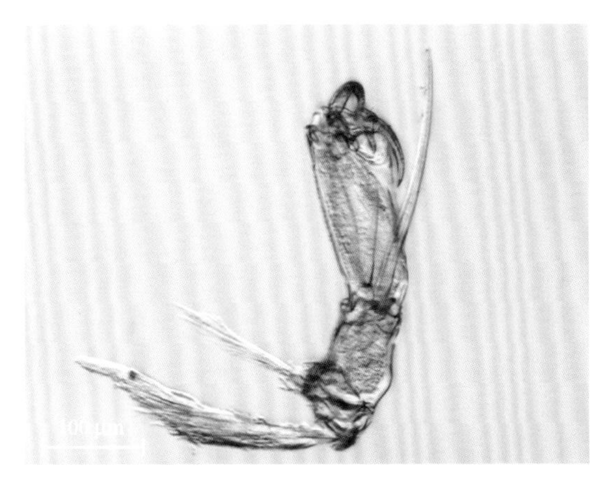

▲ 第 2 触角（♀）

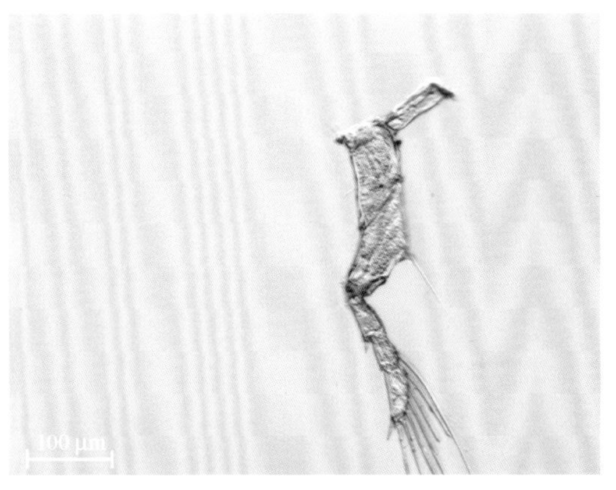

▲ 第 4 胸足后面观（♀）

长刺大眼水蚤 *Corycaeus*（*Urocorycaeus*）*longistylis*

体长 2. 45～3. 04 mm（♀），2. 12～2. 72 mm（♂）

形态特征 雄性头部与第 1 胸节愈合，呈长方形，前额宽平；第 3 胸节后侧角刺突呈翼状；第 4 胸节后侧角短钝；生殖节与肛节愈合为单节；尾叉长为宽的 18 倍；第 2 触角第 2 基节内末缘仅具 1 个锐齿；第 4 胸足外肢第 2 节外末缘具 1 小齿突，内肢具 1 小节和 1 长刺毛及 1 短小刺毛（或仅具 1 长刺毛）。

采集地 北部湾近岸海域

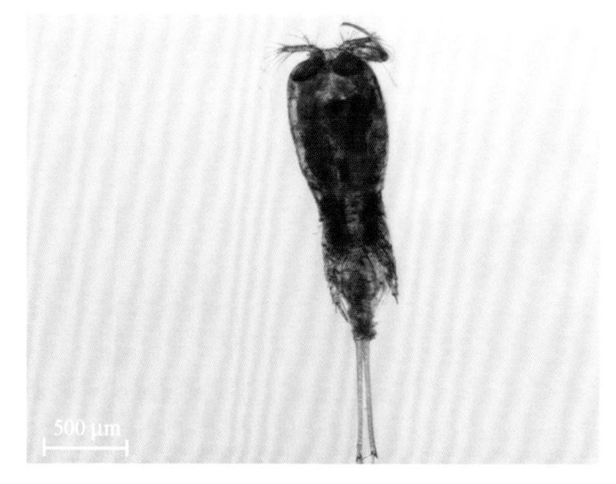

▲ 整体背面观（♂）

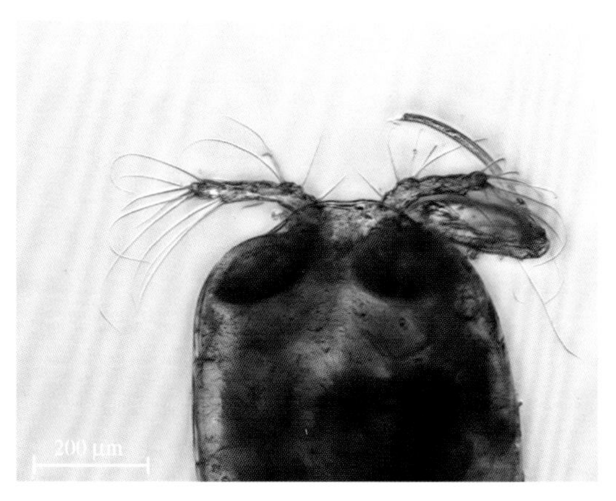

▲ 头部背面观（♂）

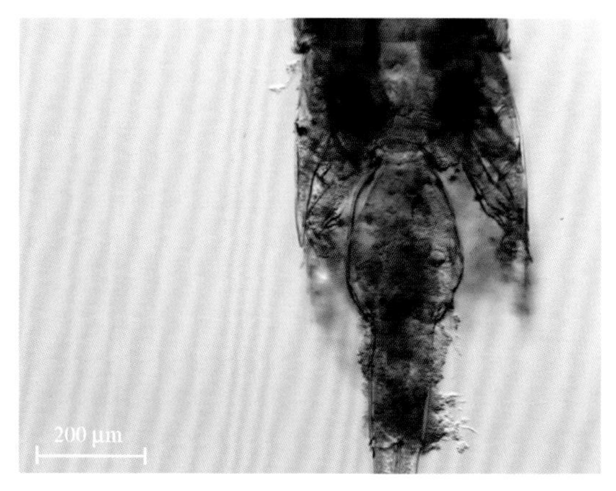

▲ 腹部背面观（♂）

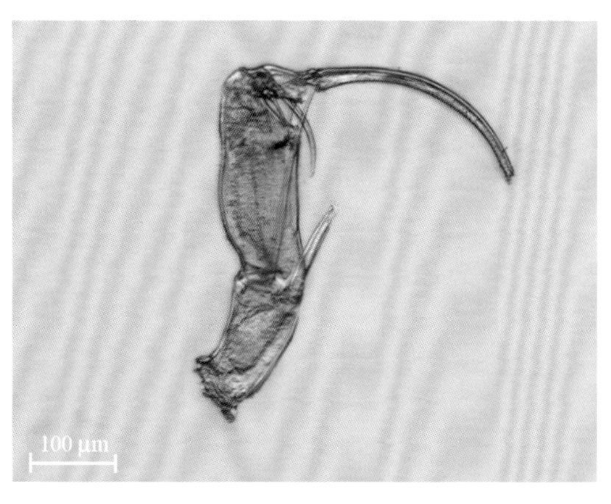

▲ 第 2 触角（♂）

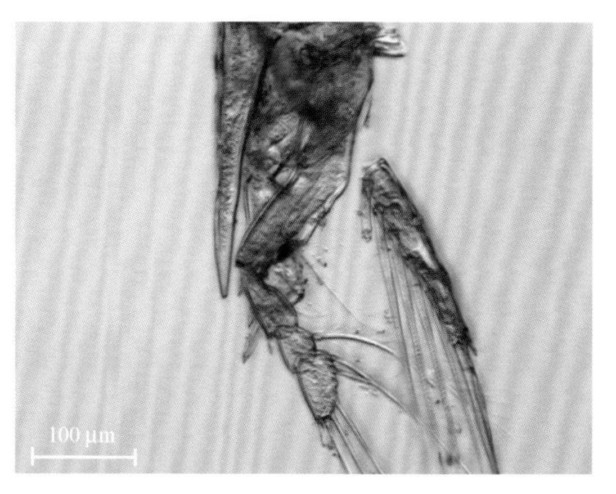

▲ 第 4 胸足后面观（♂）

典型大眼水蚤 *Agetus typicus*

体长 1.56~1.69 mm（♀），1.40~1.52 mm（♂）

形态特征 雄性头部前端较宽圆，左、右角眼间距较小；后体部分 2 节，生殖节呈宽卵圆形，其长约为宽的 1.5 倍；尾叉长约为宽的 6 倍；第 2 触角第 2 基节内末缘无锐齿，仅具 1 列细刺。

采集地 北部湾中部海域

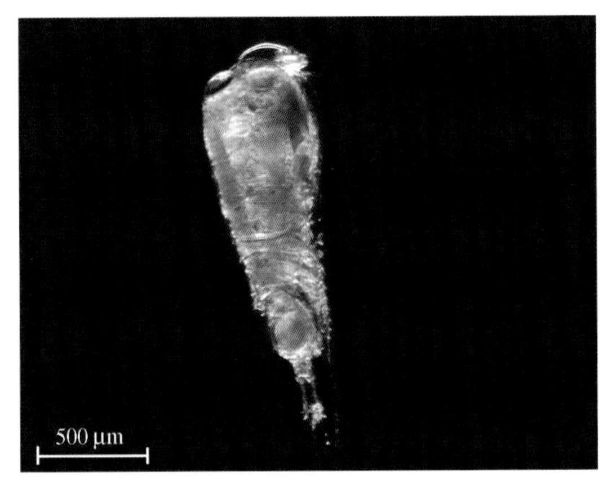

▲ 整体背面观（♂）

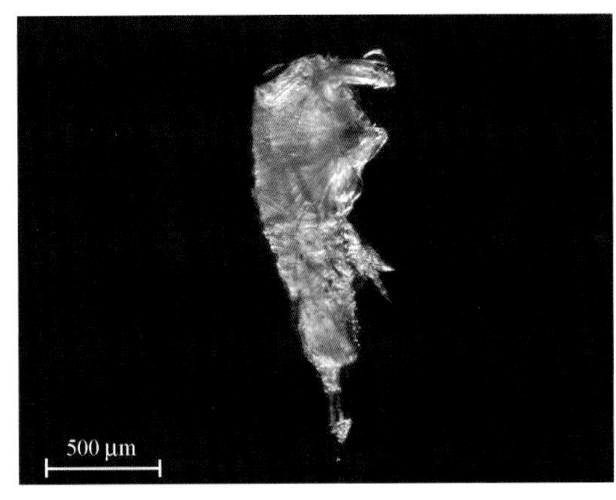

▲ 整体侧面观（♂）

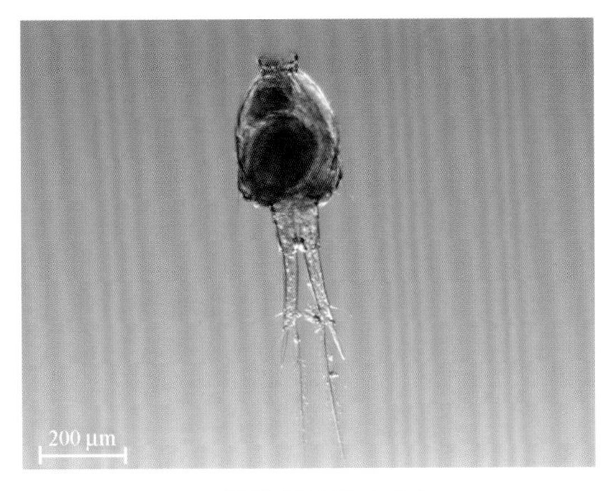

▲ 腹部背面观（♂）

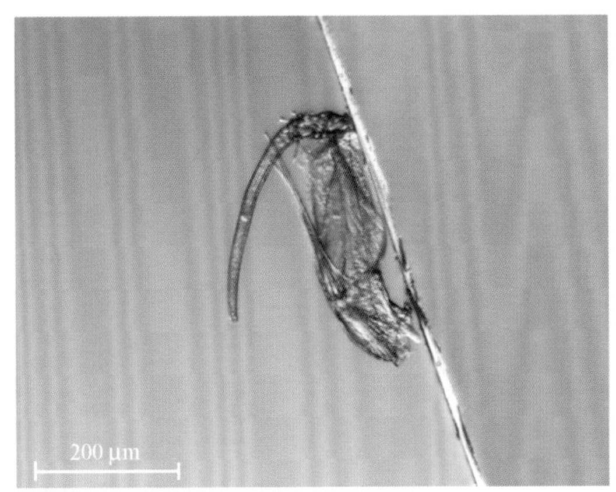

▲ 第 2 触角（♂）

驼背羽刺大眼水蚤 *Farranula gibbula*

体长 0. 85~1. 03 mm（♀），0. 77~0. 88 mm（♂）

形态特征 雌性侧面观，其后半部背面显著隆起；后侧角可达生殖节中部；尾叉较粗短，长为宽的 3~4 倍；生殖节呈长卵形，近中部最宽，前后两端较狭小。

采集地 北部湾中部海域

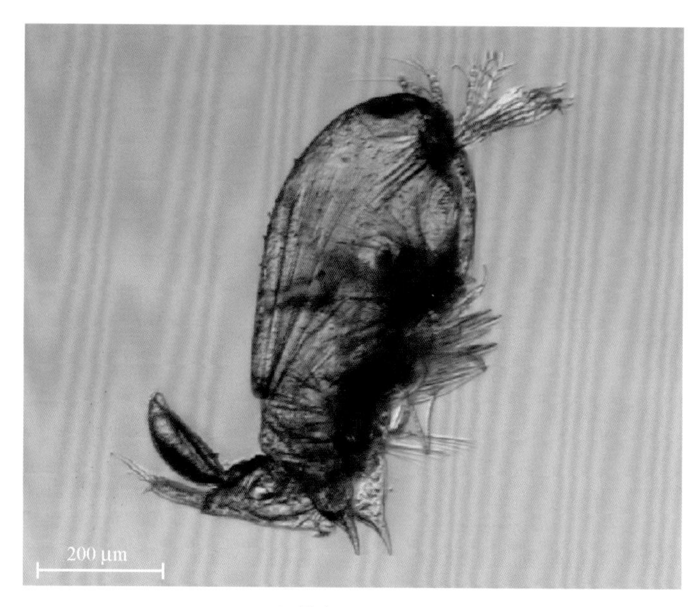

▲ 整体侧面观（♀）

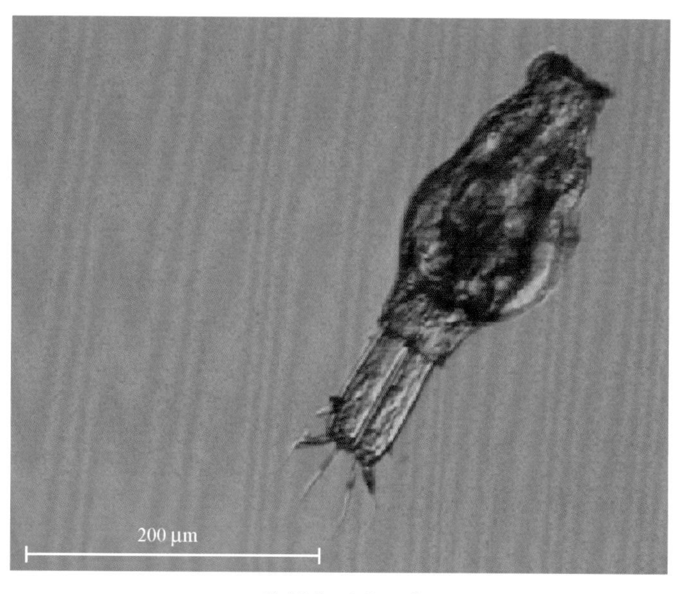

▲ 腹部背面观（♀）

隆水蚤科 Family Oncaeidae

中隆水蚤 *Oncaea media*

体长　0.55~0.82 mm（♀），0.49~0.70 mm（♂）

形态特征　雌性头胸部呈长椭圆形，第2胸节最宽，自第2胸节之后逐渐变窄；生殖节膨大，长约为宽的3倍；尾叉长为宽的2~3倍，稍长于肛节；第2颚足的末节呈长爪状；第4胸足第3节的内刺长于外刺。

采集地　北部湾近岸海域

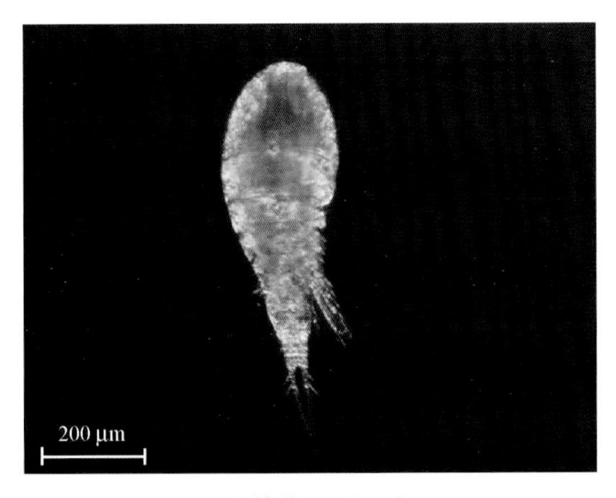

▲ 整体背面观（♀）

▲ 整体侧面观（♀）

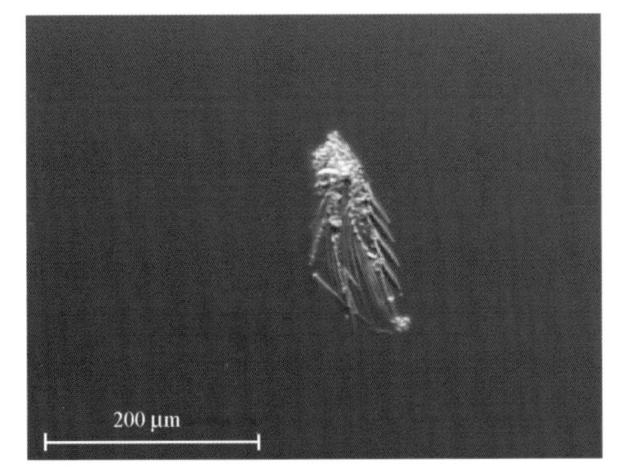

▲ 第4胸足（♀）

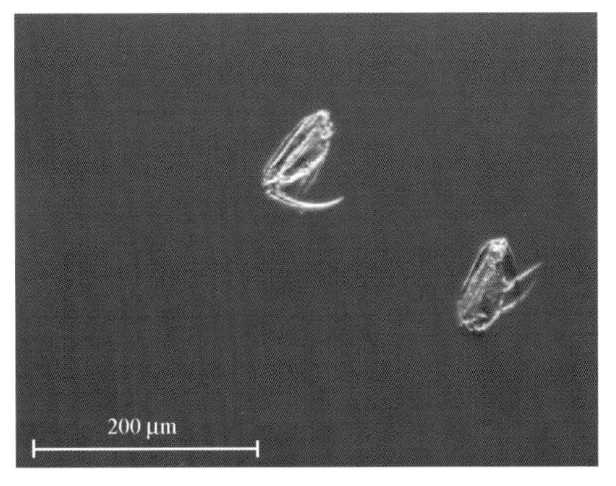

▲ 第2颚足（♀）

背突隆水蚤 *Oncaea clevei*

体长 0.62~0.70 mm（♀）

形态特征 雌性前体部呈长卵圆形，前额较宽平；第2胸节背面具1显著的大突起，背面观，常遮盖第3胸节，第4胸节后侧角钝圆；生殖节基部较宽大，其长约为宽的1.4倍；尾叉长为宽的2.5~3.0倍，为肛节长的近2倍。

采集地 北部湾近岸海域

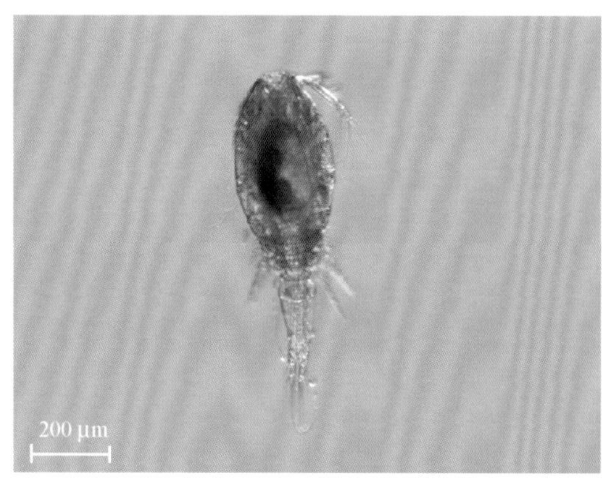

▲ 整体背面观（♀）

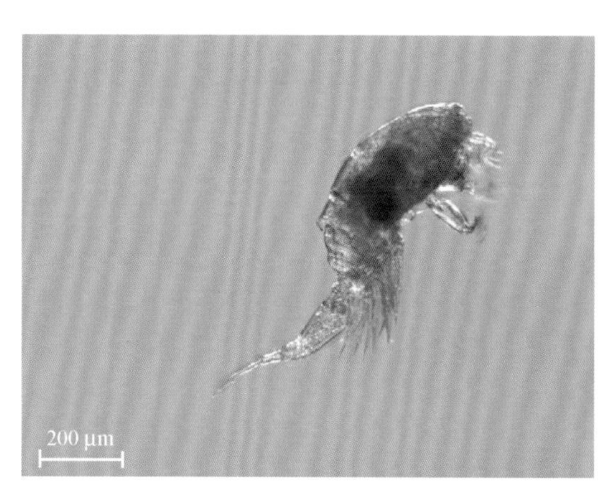

▲ 整体侧面观（♀）

丽隆水蚤 *Oncaea venusta*

体长 0.86~1.35 mm（♀），0.62~1.10 mm（♂）

形态特征 雌性背面观，前体部呈倒梨形，其长约为宽的1.6倍，最宽处位于头节后侧缘；第4胸节后侧角宽圆；生殖节宽大，其长为宽的1.3~1.6倍；尾叉长约为肛节长的2倍，为宽度的3.6~4.0倍；第4胸足内肢末端具2个不等长的叶状刺，基部之间无突起。

采集地 北部湾近岸海域

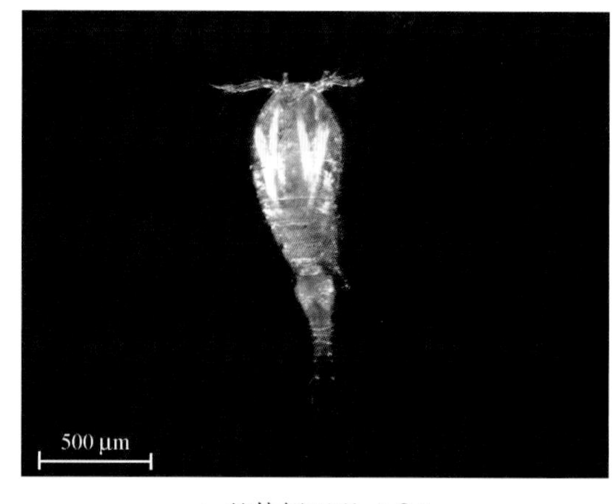

▲ 整体侧面观（♀）

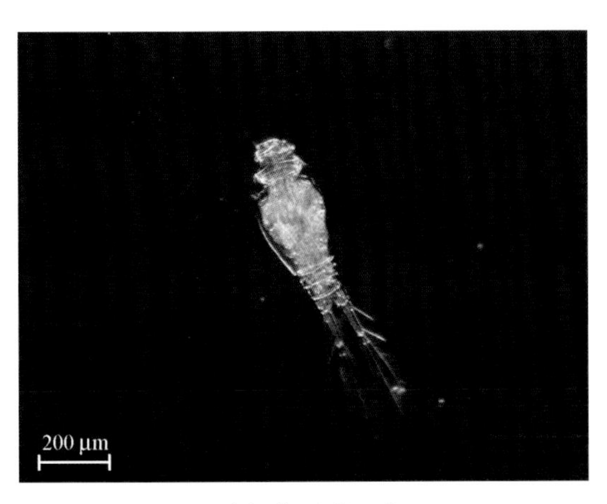

▲ 腹部背面观（♀）

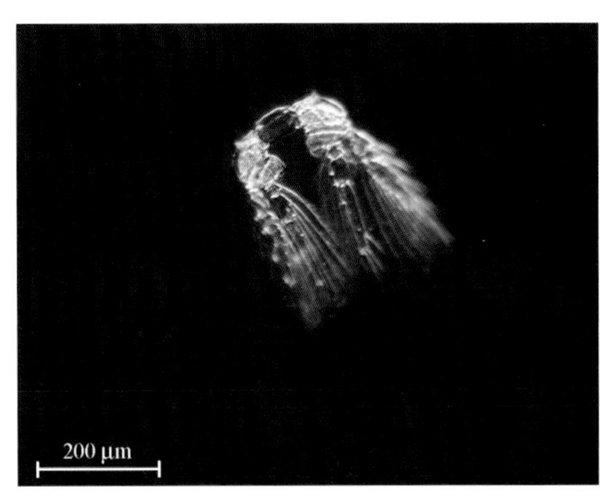

▲ 第 4 胸足（♀）

齿三锥水蚤 *Triconia dentipes*

体长　0. 42～0. 57 mm（♀），0. 36～0. 57 mm（♂）

形态特征　雄性前体部呈长椭圆形，第 4 胸节后侧角尖锐；生殖节呈长椭圆形；第 2 颚足末端具 1 长刺；第 4 胸足外肢末节的末刺较长于本节，外末角具 1 舌状突。

采集地　北部湾近岸海域

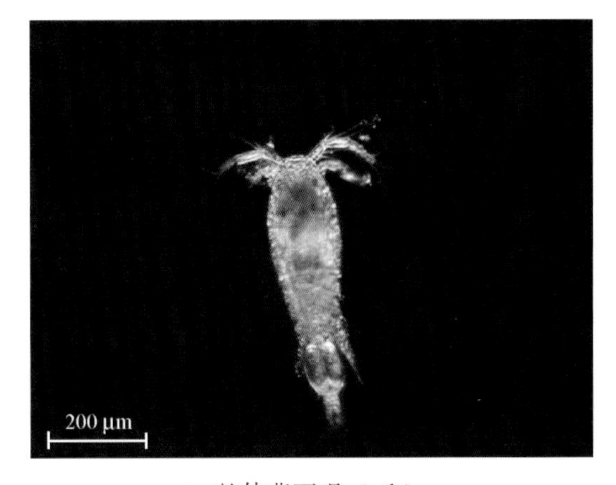

▲ 整体背面观（♂）

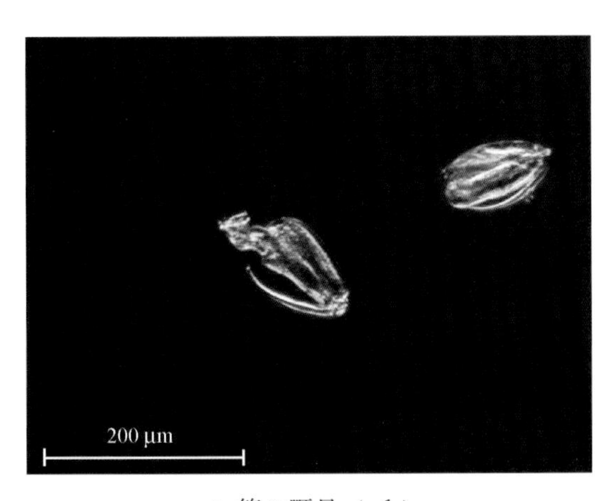

▲ 第 2 颚足（♂）

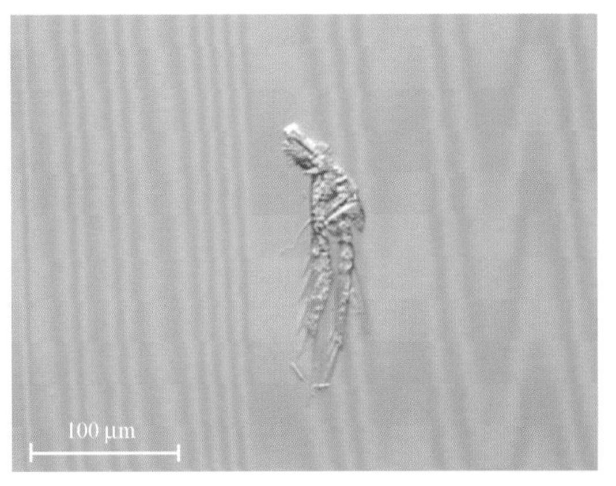

▲ 第 4 胸足（♂）

角三锥水蚤 *Triconia conifera*

体长 0.72~1.21 mm（♀），0.66~0.76 mm（♂）

形态特征 雄性前体部呈长椭圆形；第4胸节后侧角尖锐；生殖节宽大，近长方形，其腹面两侧末缘突起尖锐；肛节长小于宽；尾叉长为宽的2.0~2.5倍，稍短于肛节。

采集地 北部湾近岸海域

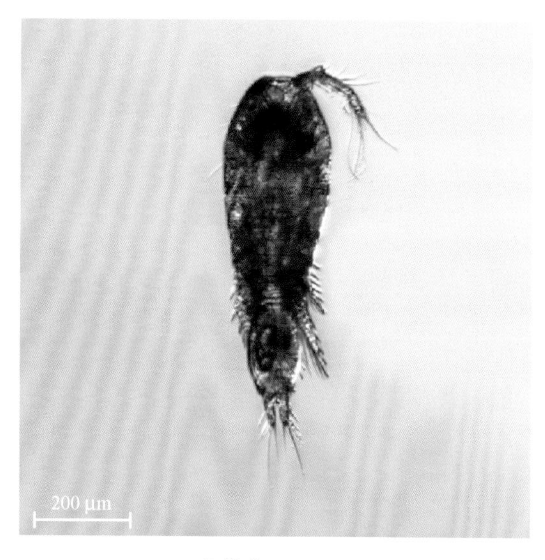

▲ 整体背面观（♂）

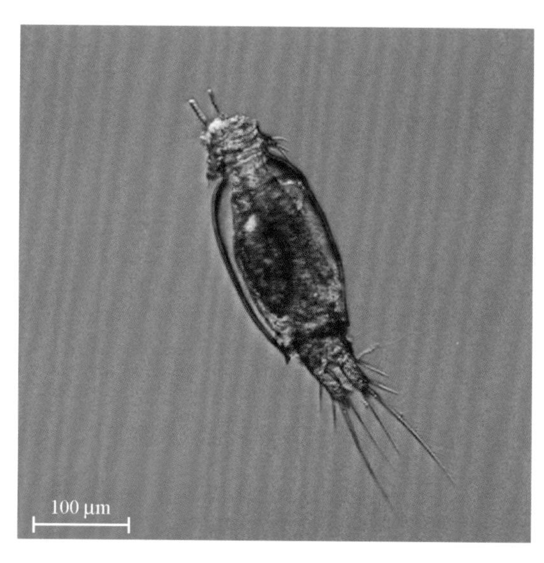

▲ 腹部背面观（♂）

叶水蚤科 Family Sapphirinidae

奇浆水蚤 *Copilia mirabilis*

体长 2.30~3.80 mm（♀），4.41~5.40 mm（♂）

形态特征 雌性头胸节长约为宽的1.2倍；头部前端狭窄，中部向外侧凸出；角眼间距为角眼直径的2~3倍；尾叉为细长棒状，其长度约为腹部长度的1.5倍；第2触角第1~3节各具多个不等长的刺突，第4节呈细长钩状；第4胸足内肢短小，仅单节。雄性体呈卵圆形，前额较宽，第2颚足末节呈弯钩状。

采集地 北部湾南部海域

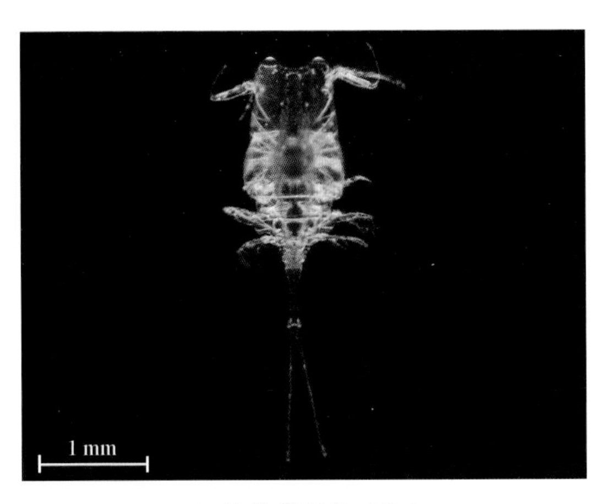

▲ 整体背面观（♀）

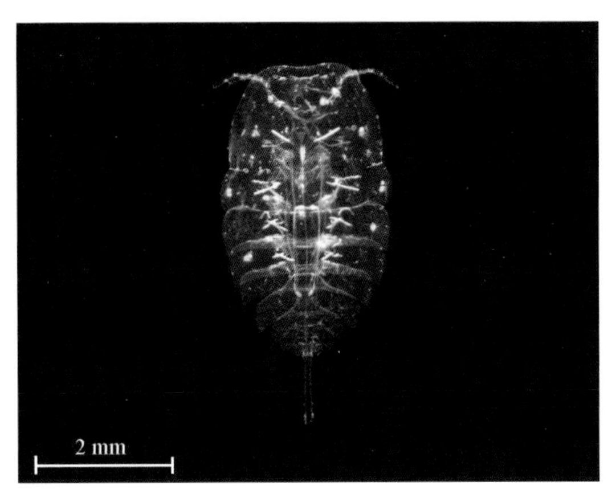

▲ 整体背面观（♂）

▲ 第 2 触角（♀）

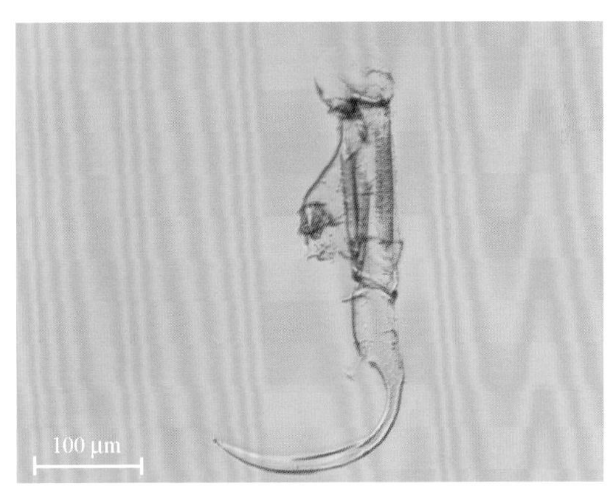

▲ 右第 2 颚足（♂）

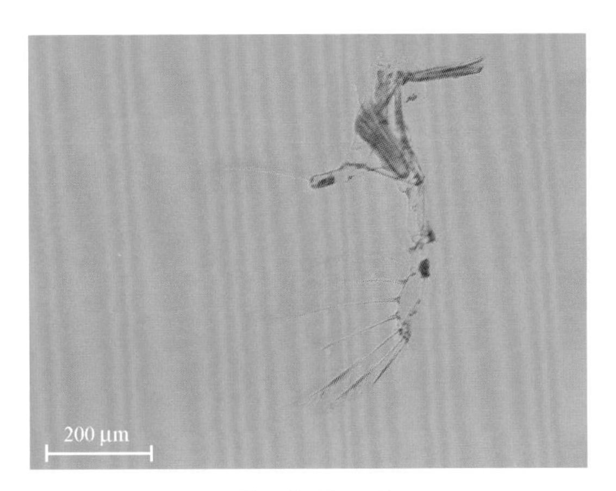

▲ 第 4 胸足（♀）

方浆水蚤 *Copilia quadrata*

体长　3. 20～3. 93 mm（♀），4. 39～5. 18 mm（♂）

形态特征　雌性头部近方形，前端1对角眼，角眼间距为角眼直径的3. 0～3. 5倍，头部两侧稍向内凹陷；尾叉为细长棒状，长度大致为后体部长的2倍；第2触角分4节，第1节末端和第2节中部分别具1粗刺，第3节末端具3个不等长的小刺，第4节最长且自前端向末端逐渐变细。

采集地　北部湾南部海域

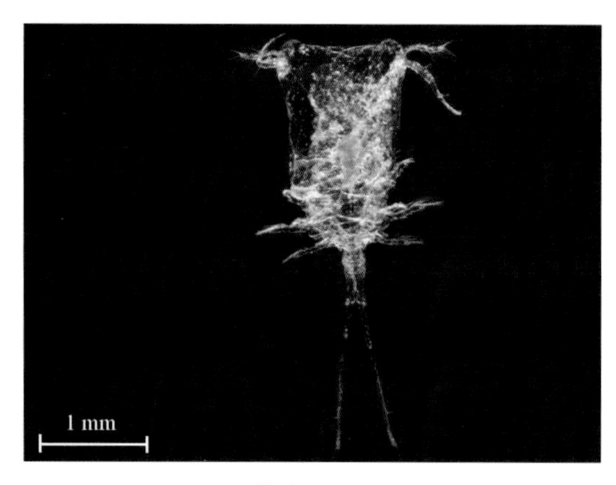

▲ 整体背面观（♀）

▲ 第2触角（♀）

黑点叶水蚤 *Sapphirina nigromaculata*

体长　1. 35～2. 81 mm（♀），1. 53～3. 20 mm（♂）

形态特征　雄性头节宽为长的1. 7～2. 0倍；角眼较小；后体部各节宽度较均匀；尾叉长约为宽的2倍，背刺毛位于外缘第1刚毛之前，内末角具小刺突。

采集地　北部湾南部海域

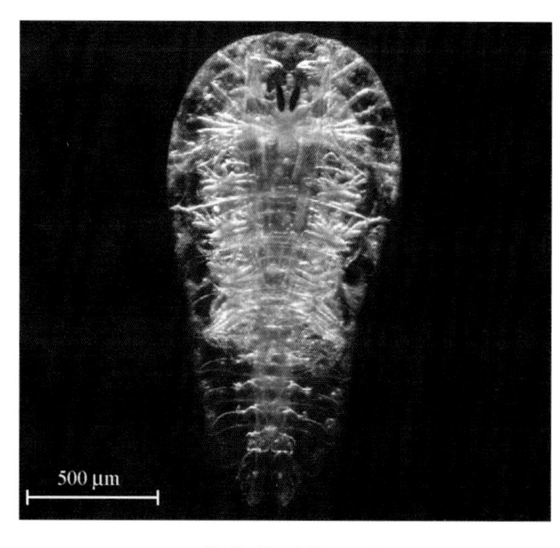

▲ 整体背面观（♂）

狭叶水蚤 *Sapphirina angusta*

体长 2.5~5.5 mm（♀），3.00~6.95 mm（♂）

形态特征 雌性前体部狭长；头部宽远小于长；第 4 胸节后缘平直；尾叉呈长椭圆形，长为宽的 1.7~2.0 倍，内末角突起较钝。

采集地 北部湾南部海域

▲ 整体背面观（♀）

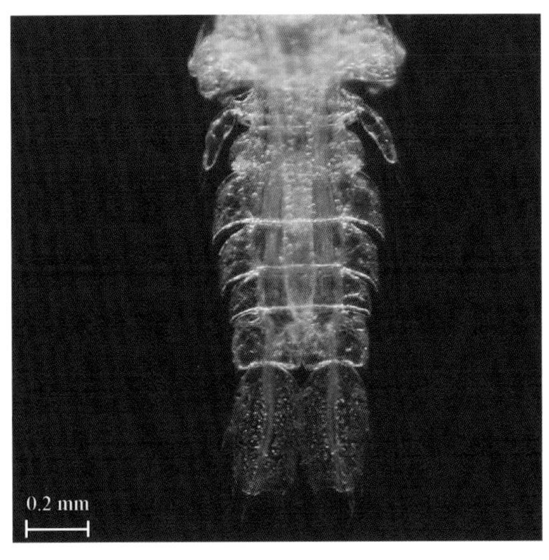

▲ 腹部背面观（♀）

肠叶水蚤 *Sapphirina intestinata*

体长 1.62~2.78 mm（♀），1.65~2.87 mm（♂）

形态特征 雌性前体部宽大，呈卵圆形；第 4 胸节窄小，后侧角向后延伸为翼状突；第 2 触角第 2 节与其后 2 节长度之和几乎相等；第 2 胸足内肢末节的末端具 3 个不等长的粗刺突。

采集地 北部湾近海海域

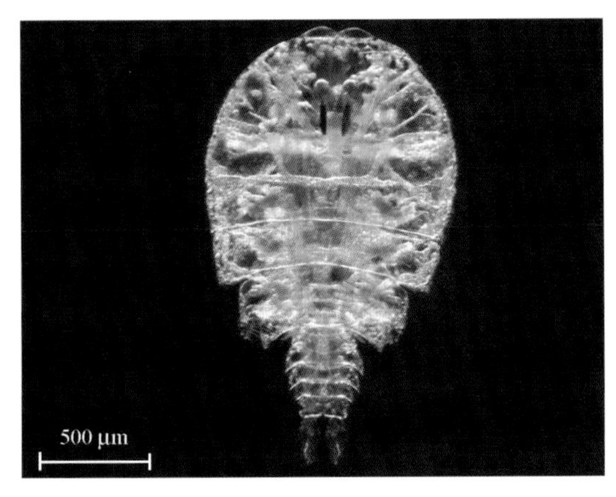

▲ 整体背面观（♀）

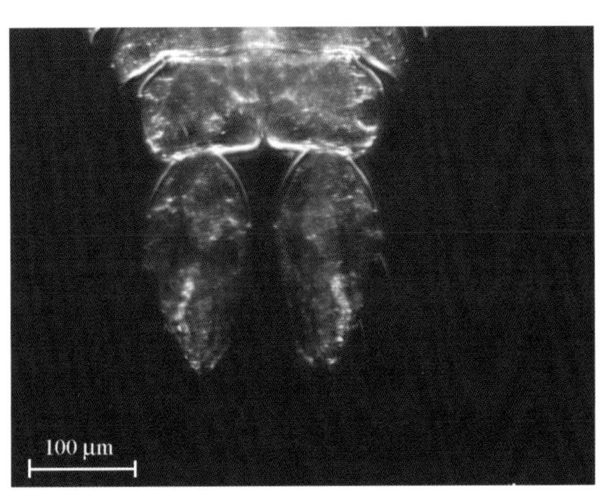

▲ 尾叉背面观（♀）

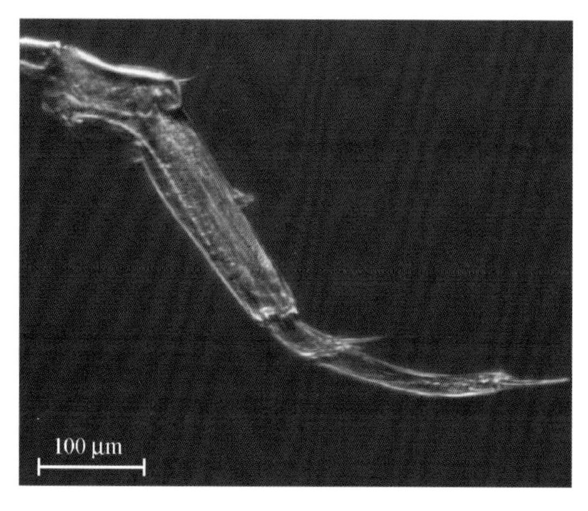

▲ 第 2 触角（♀）

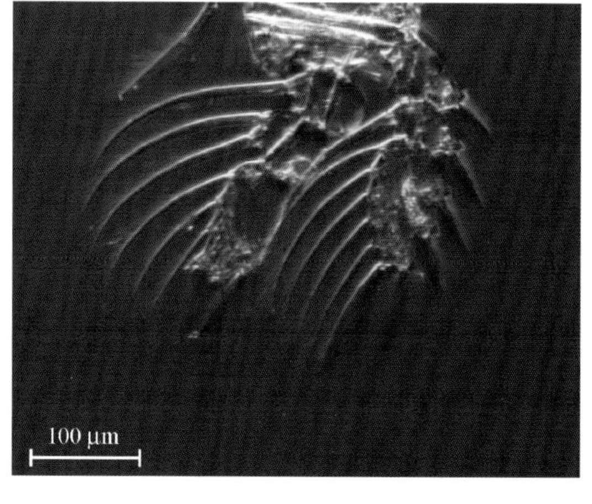

▲ 第 2 胸足（♀）

金叶水蚤 *Sapphirina metallina*

体长　1. 68~2. 54 mm（♀）, 1. 61~2. 58 mm（♂）

形态特征　雄性头胸部呈长筒状，头节宽略大于长；前、后体部宽度较均匀；额部前端变窄；角眼较小且相连；尾叉大致呈长方形，末端外侧具 1 长刺；第 2 触角分 4 节，第 1 节末端和第 2 节前端各具 1 粗刺，第 3 节短小，末端具 2 小刺毛，末节尖锐且细长。

采集地　北部湾近海海域

▲ 整体背面观（♂）

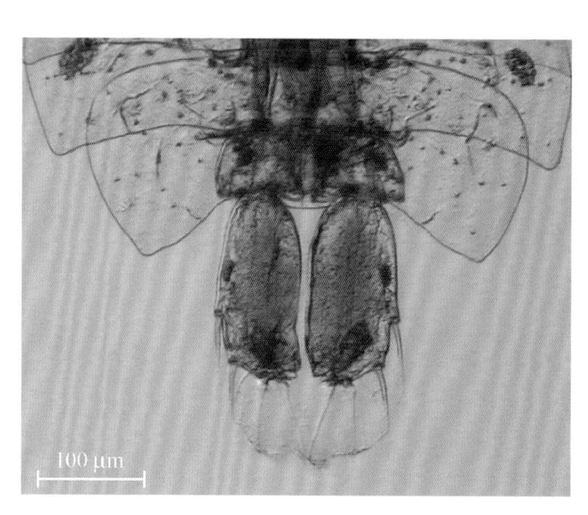

▲ 尾叉背面观（♂）

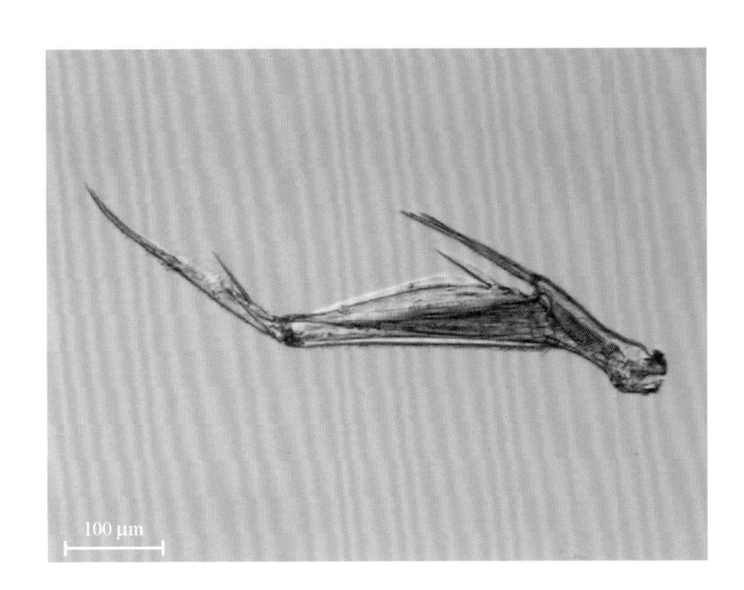

◀ 第 2 触角（♂）

圆矛叶水蚤 *Sapphirina ovatolanceolata*

体长　2. 13~2. 85 mm（♀），3. 33~3. 71 mm（♂）

形态特征　雌性身体狭长，头节宽为长的 1. 2~1. 3 倍；角眼较小，眼间距短；第 3~4 胸节狭小，后侧角钝圆，第 4 胸节后侧角延伸为翼状突；第 2 腹节背面中部向后突出；尾叉呈长椭圆形，长约为宽的 2 倍。

采集地　北部湾南部海域

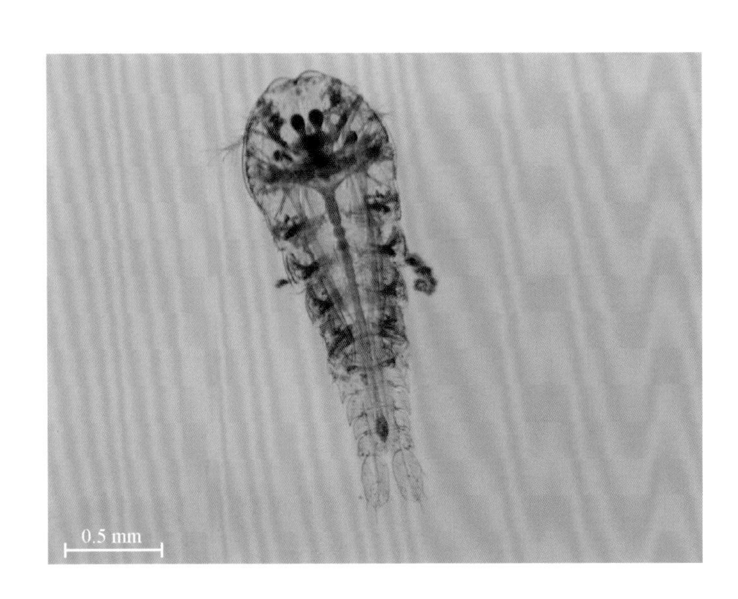

▶ 整体背面观（♀）

怪水蚤目 Order MONSTRILLOIDA

怪水蚤科 Family Monstrillidae

坚舟形怪水蚤 *Cymbasoma rigidum*

体长 1.4~2.5 mm（♀），1.8 mm（♂）

形态特征 雄性身体狭长，头胸部长约为体长的1/2；生殖节腹面具1对叶状交接器；第1触角分5节，第1节有很多不等长的粗刺，其末端凹陷，第2节较为粗大且具小刺，第3节较短，末节末端尖锐。

采集地 北部湾近海海域

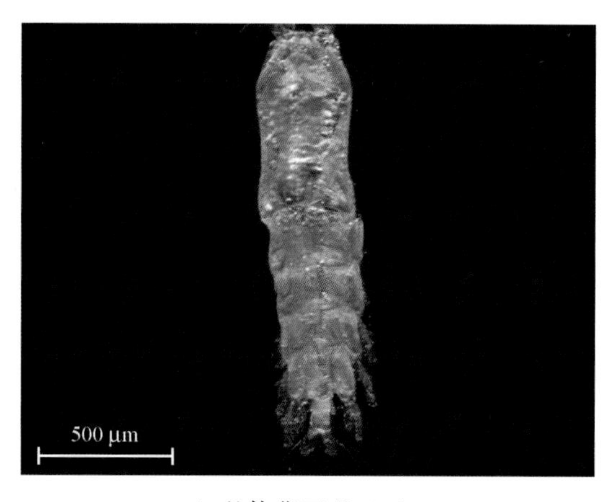

▲ 整体背面观（♂）

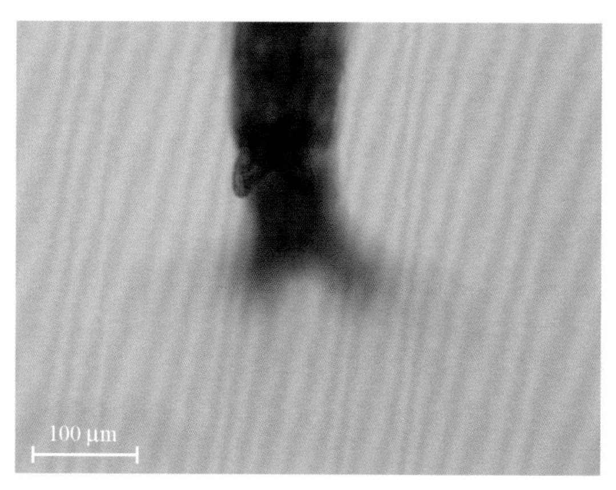

▲ 腹部腹面观（♂）

▲ 第1触角（♂）

长刺舟行怪水蚤 *Cymbasoma longispinosum*

体长　2. 30~3. 16 mm（♀），1. 50~2. 30 mm（♂）

形态特征　雌性身体狭长，头胸节长为体长的 3/5；锥形管口位于头胸节腹面前方 1/6 处；第 1 触角分 4 节，第 2、第 3、第 4 节均具粗刺；腹部很短，仅分 3 节；生殖节呈椭球形；腹部腹面具 1 对呈椭圆棒状的卵针；尾叉较短，具 3 根长刚毛。

采集地　北部湾近海海域

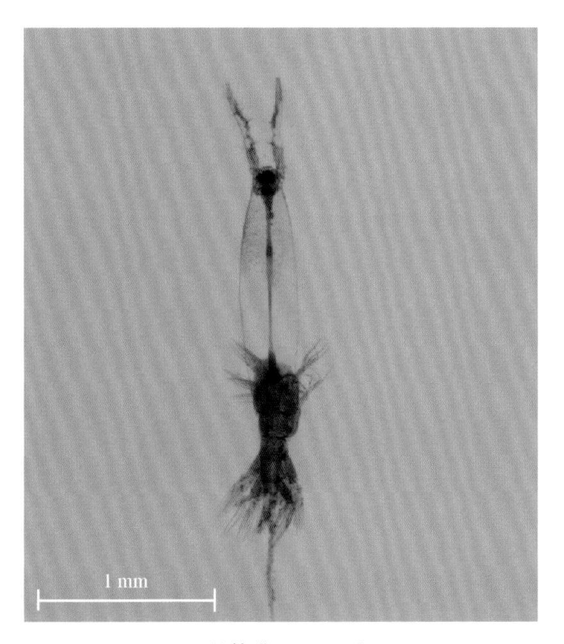

▲ 整体背面观（♀）

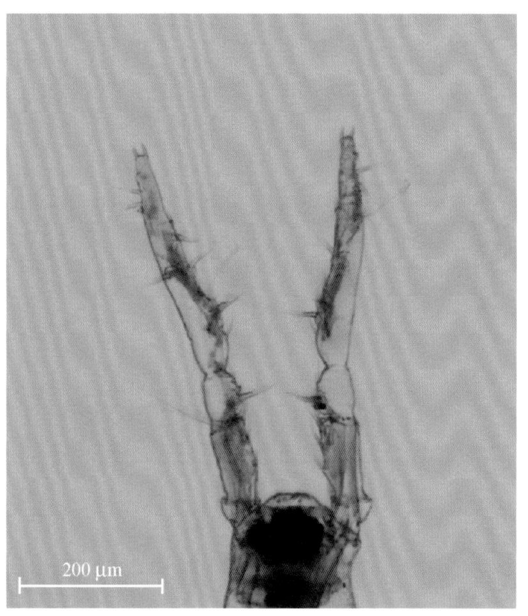

▲ 第 1 触角（♀）

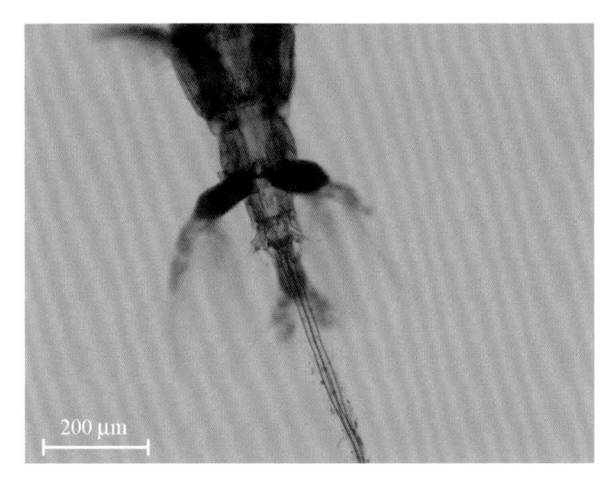

▲ 腹部腹面观（♀）

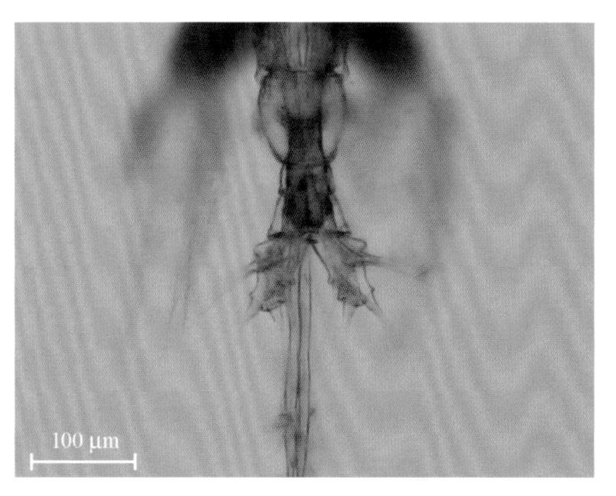

▲ 尾叉（♀）

巨大怪水蚤 *Monstrilla grandis*

体长 2. 3~3. 8 mm（♀），1. 7~2. 5 mm（♂）

形态特征 雄性身体短粗，头胸部长约为体长的 1/2；第 1 触角 5 节，末节呈梭状，末端具 2~3 根小刺，外缘有 4~5 根分支的刚毛；交接器呈叉状。

采集地 北部湾近海海域

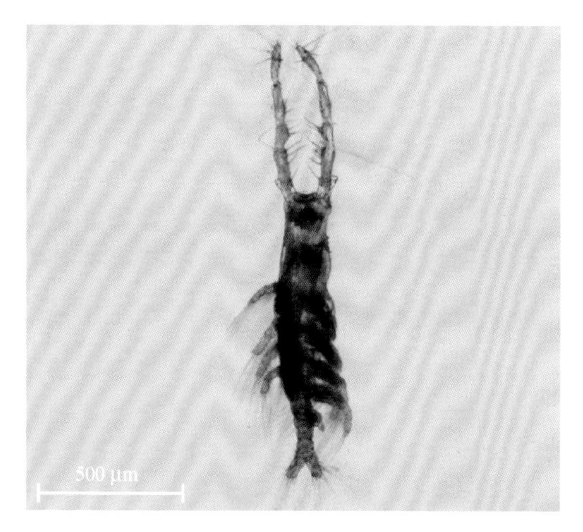

▲ 整体背面观（♂）

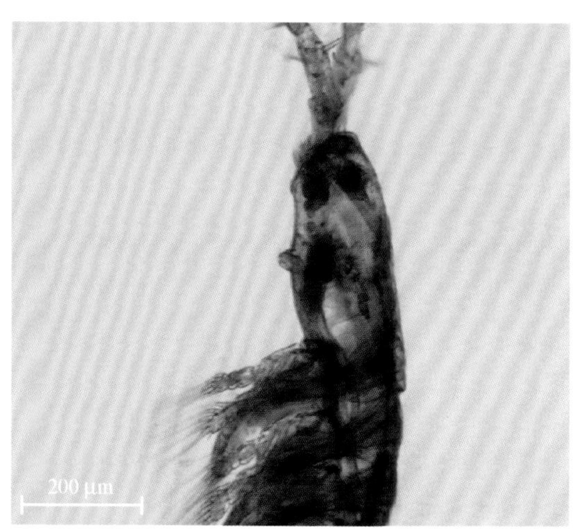

▲ 头部侧面观（♂）

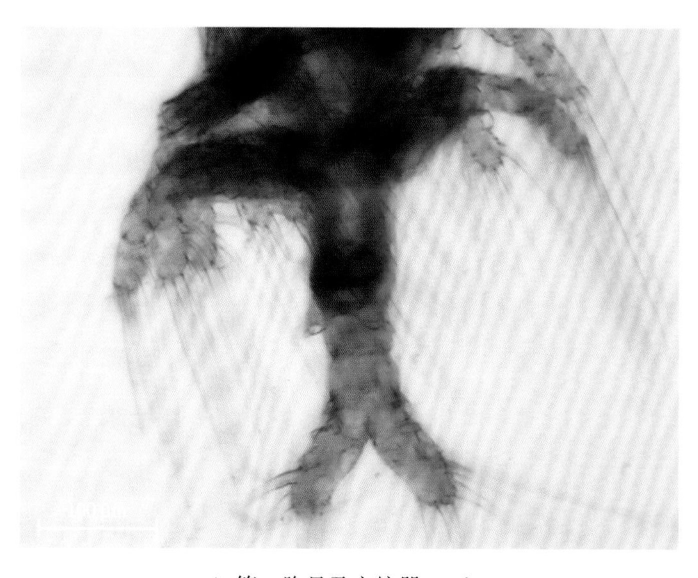

▲ 第 5 胸足及交接器（♂）

介形纲 Class OSTRACODA

海腺萤目 Order HALOCYPRIDA

海腺萤科 Family Halocypridae

针刺真浮萤 *Euconchoecia aculeata*

体长 1. 13~1. 29 mm（♀）

形态特征 背甲表面无明显的花纹，较狭长；左、右壳的后背角各有 1 个小的刺状突。侧面观，雌性壳更狭长。

采集地 北部湾近岸海域

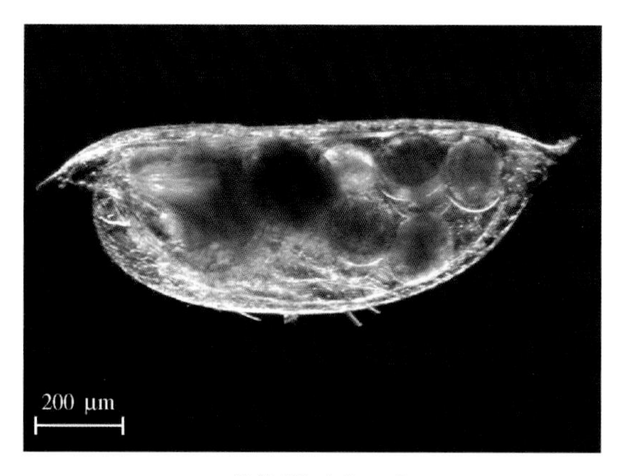

▲ 整体侧面观（♀）

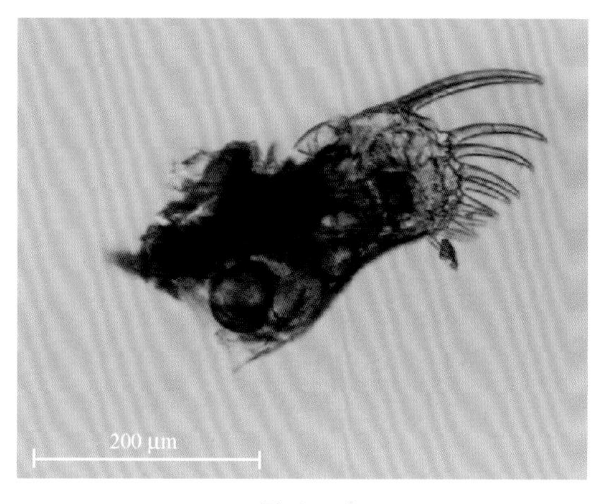

▲ 尾叉（♀）

孤刺真浮萤 *Euconchoecia shenghwai*

体长 1.44~1.46mm（♂）

形态特征 雄性额角中等长，末端尖刺状；右壳后背角具中等长的刺，左壳无刺或仅具1小尖突；前器官稍超过第1触角末端；第1触角第5节腹部约具25根感觉须。

采集地 北部湾近海海域

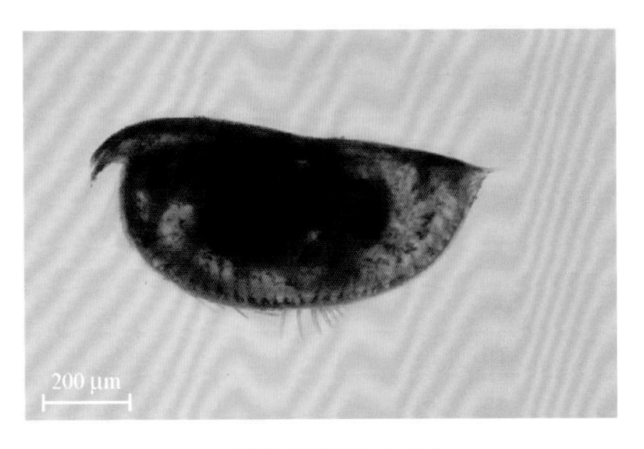

▲ 整体侧面观（♂）

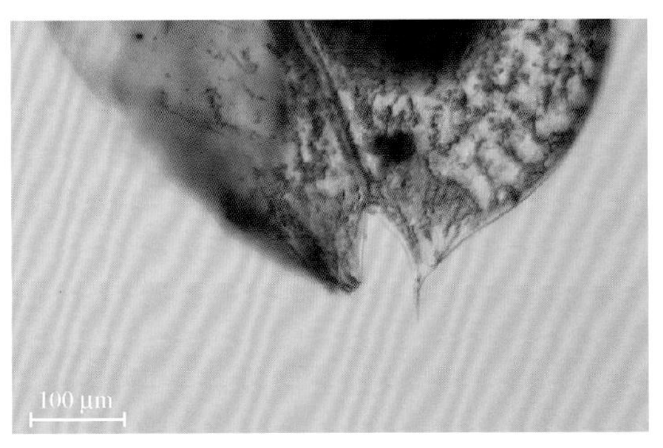

▲ 双壳后背角（♂）

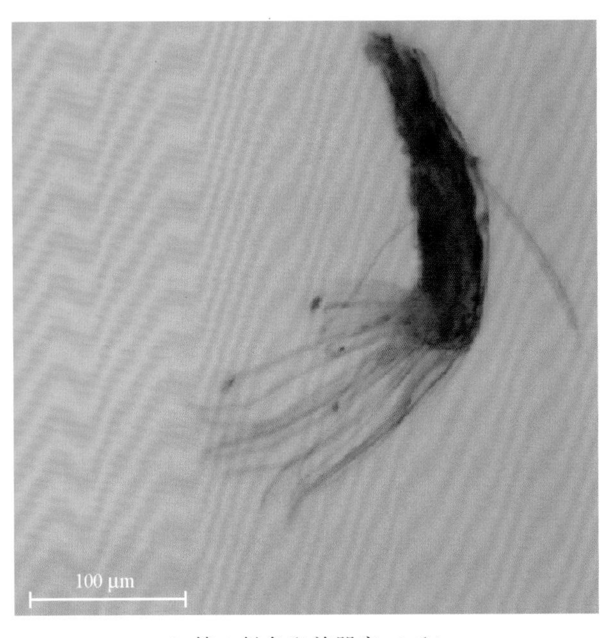

▲ 第1触角和前器官（♂）

同心假浮萤 *Pseudoconchoecia concentrica*

体长 1. 43~1. 50 mm（♂）

形态特征 雄性双壳面布满纵纹，右壳后背角圆钝，左壳后背角具 1 短刺，肩拱较发达，壳腹缘呈平缓的弧形，壳后缘几与背缘垂直。

采集地 北部湾近海海域

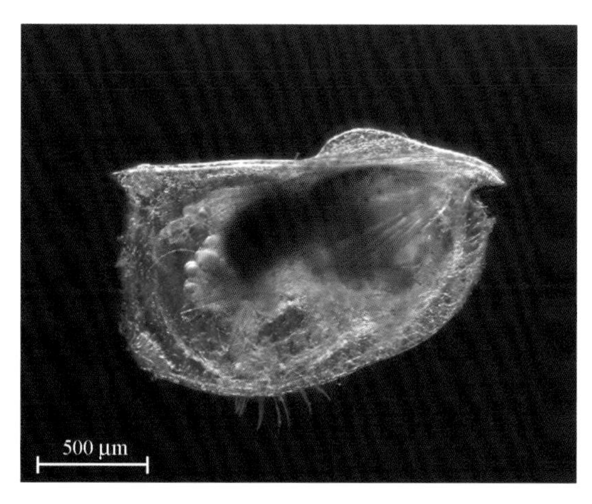

▲ 整体侧面观（♂）

刺喙葱萤 *Porroecia spinirostris*

体长 1. 15~1. 60 mm（♀）

形态特征 体近长方形，额器末端呈尖突状。雌性壳高约为壳长的 47%。

采集地 北部湾近海海域

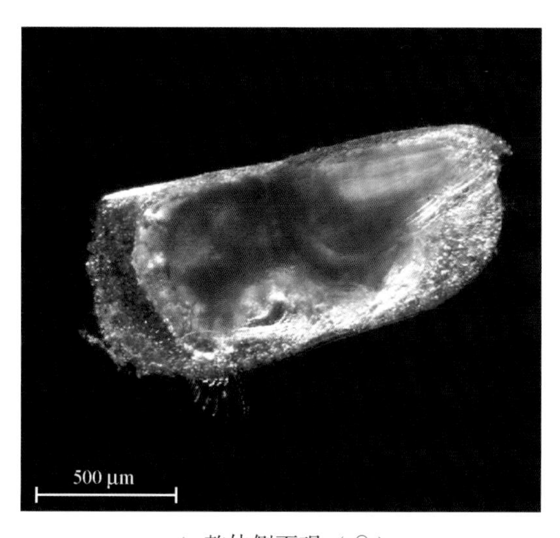

▲ 整体侧面观（♀）

壮肢目 Order MYODOCOPIDA

海萤科 Family Cypridinidae

尖尾海萤 *Cypridina acuminata*

体长 1.70~2.05 mm（♂）

形态特征 雄性壳从侧面观近椭圆形，尾部狭小，末端尖，稍弯向背方；触角凹以下的壳缘具 3 根刺毛，壳后突的末端较尖，双壳后突的隆线及其后部具许多小刺；尾叉具 9 对爪，各爪的长度由前向后依次变小，第 2 爪与尾叉板之间由关节隔开。

采集地 北部湾近岸海域

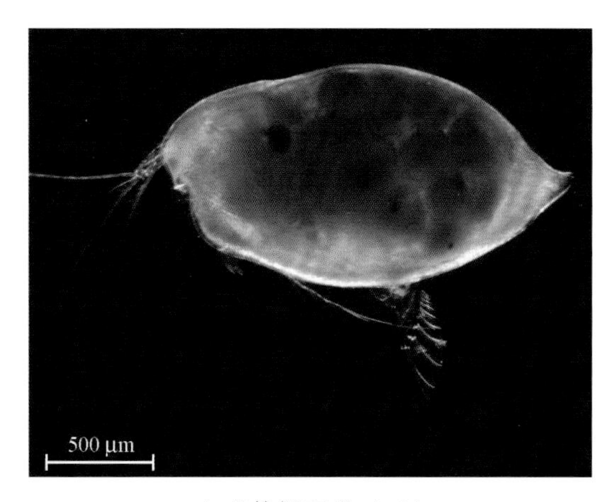

▲ 整体侧面观（♂）

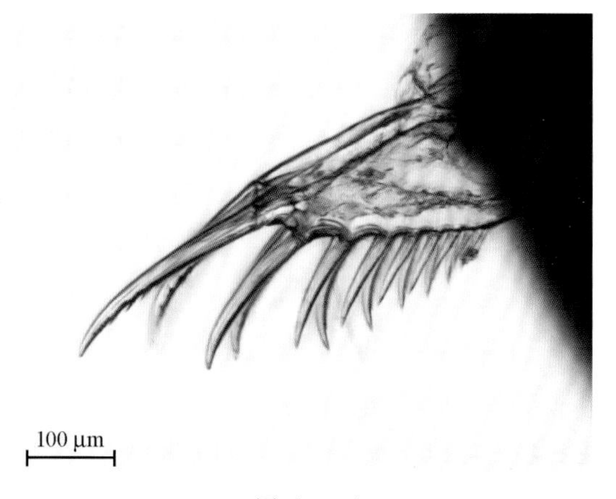

▲ 尾叉（♂）

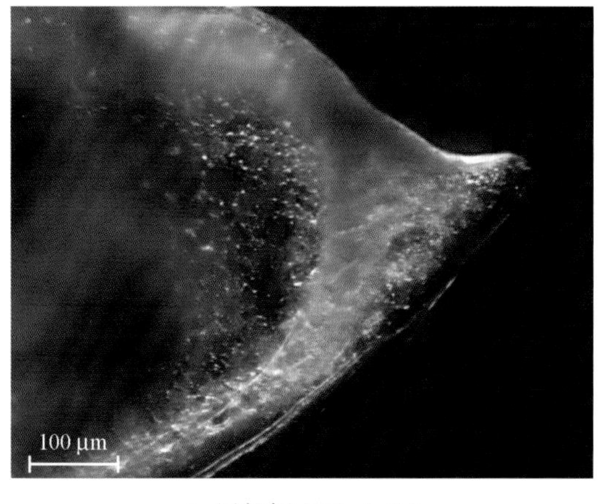

▲ 尾部侧面观（♂）

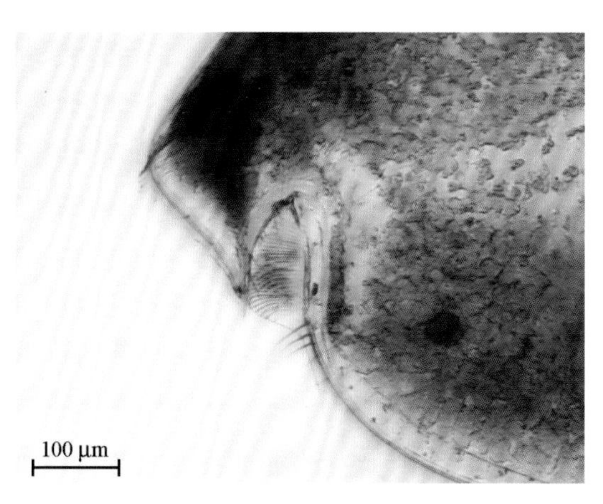

▲ 触角凹以下的壳缘（♂）

软甲纲
Class MALACOSTRACA

糠虾目 Order MYSIDA

糠虾科 Family Mysidae

宽尾刺糠虾 *Notacanthomysis laticauda*

体长 5.2~7.5 mm（♂）

形态特征 额板呈三角形，末端稍钝；眼宽短，眼柄长于角膜；尾节呈舌状，侧缘基部光裸无刺，末部3/5处有18~23根刺，刺由前向后依次增大；末端宽而平截，具4根粗刺，中央1对稍大，两侧1对略短。雄性第1触角柄粗壮。

采集地 北部湾近岸海域

▲ 整体背面观（♂）

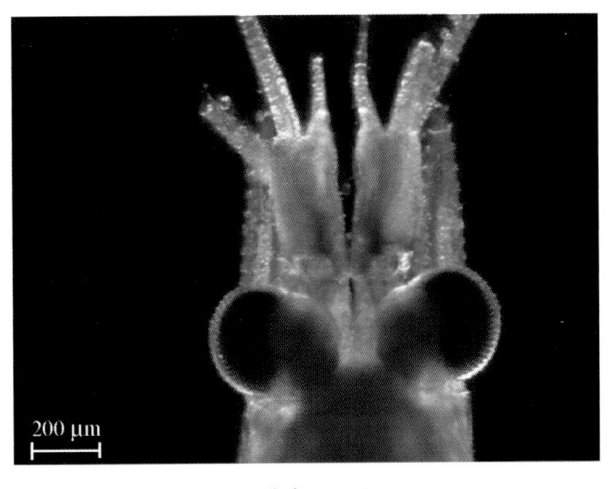

▲ 头部（♂）

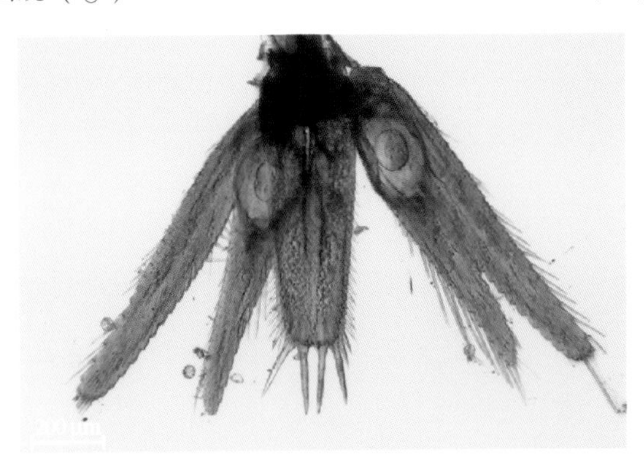

▲ 尾节（♂）

董氏囊糠虾 *Gastrosaccus dunckeri*

体长 9.0~12.5 mm（♂）

形态特征 额板小，呈三角形，头胸甲后缘具深凹陷，不覆盖最后胸节的背面；尾节最后侧刺和末刺间隔很长。雄性第3腹肢外肢显著发达，具5节；内肢较短，长度不超过外肢第2节；尾节末端缺刻较深。

采集地 北部湾近岸海域

▲ 整体背面观（♂）

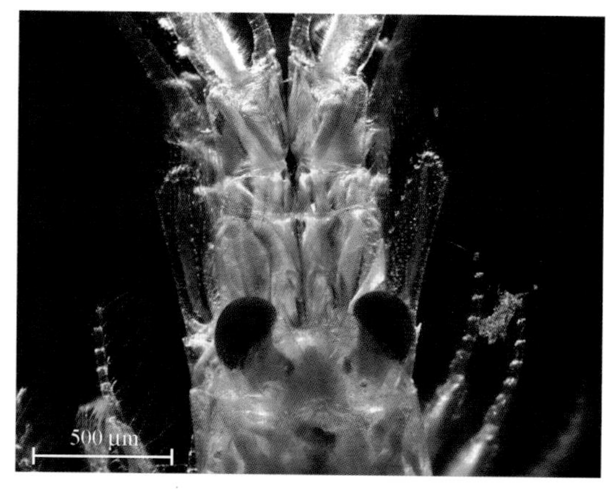

▲ 头部（♂）

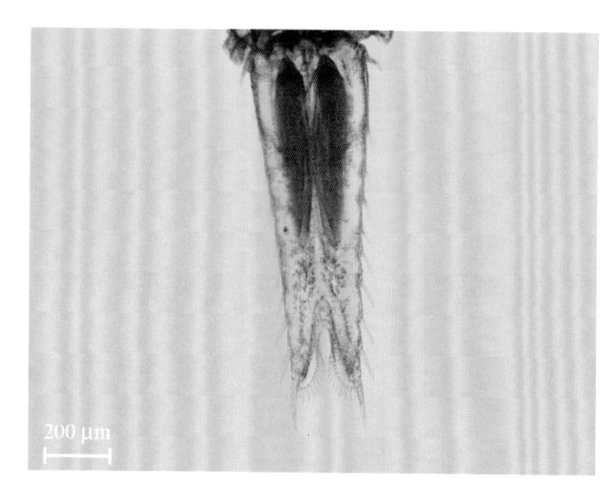

▲ 尾节（♂）

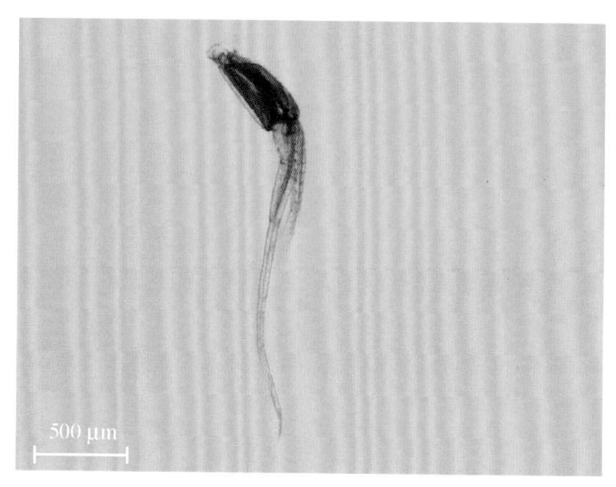

▲ 第3腹肢内肢（♂）

东方棒眼糠虾 *Rhopalophthalmus orientalis*

体长 12.0~13.0 mm（♀）

形态特征 体表光滑，固定后呈乳白色；额板前缘圆，呈弧形，不覆盖眼柄的基部；头胸甲较短；眼显著粗大，长约为宽的2倍；尾肢基节基部宽，具大而显著呈乳白色的平衡囊；尾肢外肢显著细长，内、外两缘具发达的羽状刚毛；尾节呈舌状，长约为基部宽的3倍，基部宽，向后突然收缩成腰形后宽度增加，侧缘具13~16个由前向后逐渐增大的粗刺。雌性第1触角柄较雄性纤细，第2触角柄很短。

采集地 北部湾近岸海域

▲ 整体侧面观（♀）

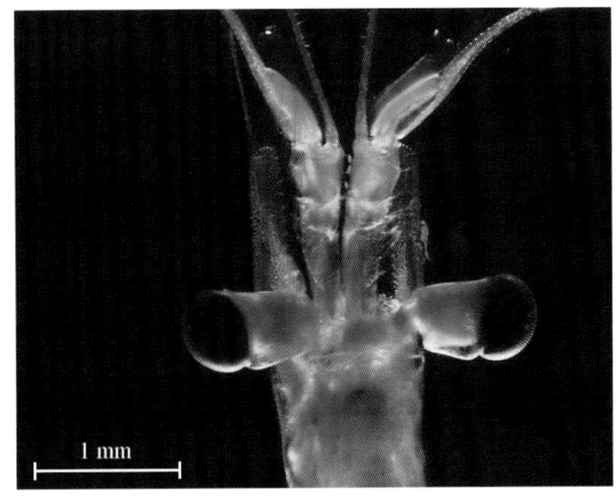

▲ 眼柄（♀）

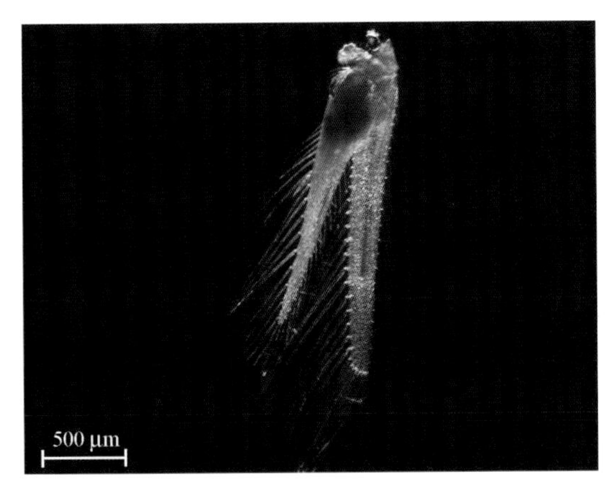

▲ 尾肢（♀）

▲ 尾节（♀）

端足目 Order AMPHIPODA

泉蛾科 Family Hyperiidae

大眼蛮蛾 *Lestrigonus macrophthalmus*

体长 2.0~4.0 mm（♀）

形态特征 头呈球形，长大于高的 1/2，腺锥钝圆；成体第 1~4 胸节愈合；尾扇呈三角形。雌性的尾扇长约为第 3 尾肢原肢长的 1/2。

采集地 北部湾近岸海域

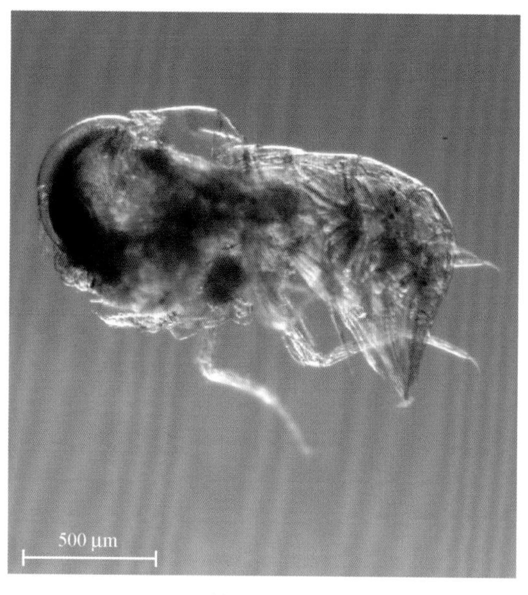

▲ 整体侧面观（♀）

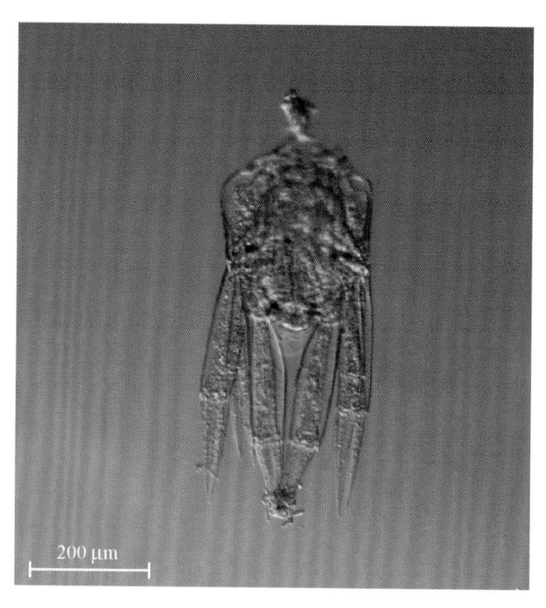

▲ 尾节（♀）

苏氏蛮蛾 *Lestrigonus shoemakeri*

体长 3.5~4.5 mm（♂）

形态特征 头高明显大于头长；腺锥膨大尖，超过口上区，但不达口团腹缘。雄性第 1~2 胸节愈合；尾扇较短。

采集地 北部湾近岸海域

▲ 整体侧面观（♂）

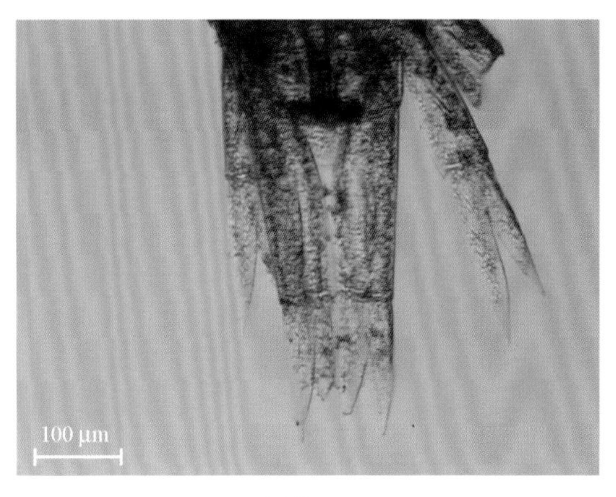

▲ 尾节（♂）

刺以慎蛾 *Phronimopsis spinifera*

体长　3. 5~6. 0 mm（♂）

形态特征　雄性体细长，头部横向长度约为纵向高度的 2 倍；尾肢原肢长为宽的 5 倍，尾扇呈三角形，其长度短于第 3 尾肢原肢的 1/5。

采集地　北部湾近岸海域

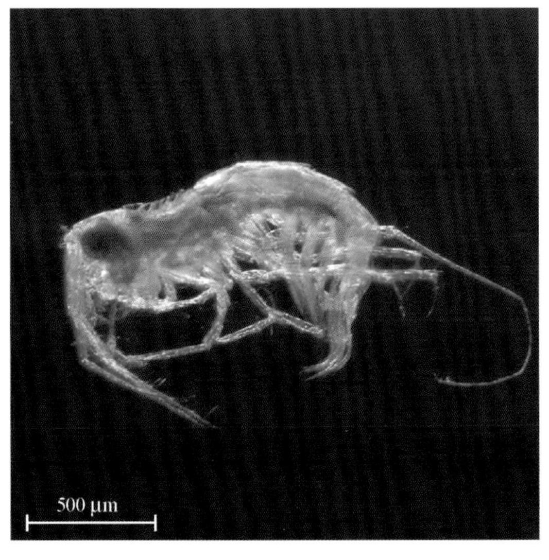

▲ 整体侧面观（♂）

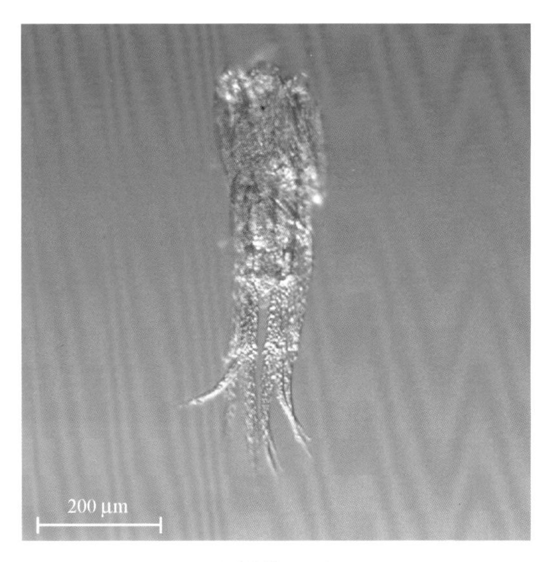

▲ 尾节（♂）

思氏小泉蛾 *Hyperietta stebbingi*

体长 2.8~4.0 mm（♂）

形态特征 头腹面观圆，第 1 触角达头的腹缘；腺锥圆，达头腹面，明显与口上区分离；尾扇基部长短于宽。雄性尾扇长不及第 3 尾肢原肢长的 1/2。

采集地 北部湾近岸海域

▲ 整体侧面观（♂）

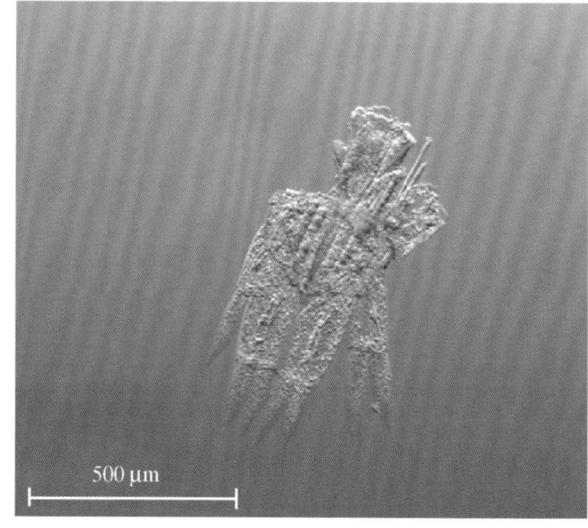

▲ 尾节（♂）

西巴似泉蛾 *Hyperioides sibaginis*

体长 2.5~6.0 mm（♀）

形态特征 小型种类，身体稍侧扁；头呈球形，眼占据头大部分或完全局限于背面，头部背面轮廓近直，腺锥前部达口上区；尾肢外肢缘具切迹；尾扇稍短。雌性第 1 触角分 2 节。

采集地 北部湾近岸海域

▲ 整体侧面观（♀）

▲ 尾节（♀）

尖头蛾科 Family Oxycephalidae

细尖小涂氏蛾 *Tullbergella cuspidata*

体长 3.5~10.0 mm（♀）

形态特征 雌性额角尖，头长为胸部的3/5，为腹部的9/10；双尾节宽为长的1.5倍；第3尾肢内肢与原肢愈合，呈叶状；尾扇与双尾节愈合，呈三角形，其长大于宽，与第3尾肢等长。

采集地 北部湾近岸海域

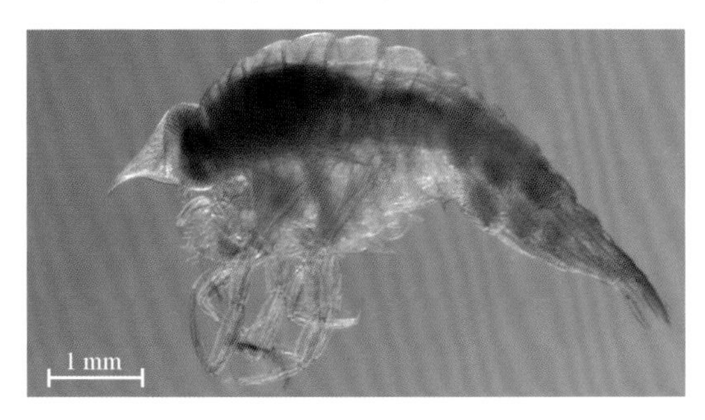

▲ 整体侧面观（♀）

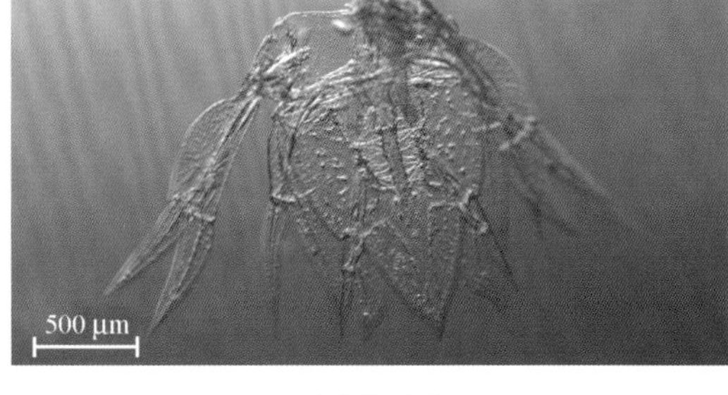

▲ 尾节（♀）

宽腿蛾科 Family Amphithyridae

两刺双门蛾 *Amphithyrus bispinosus*

体长 2.5~4.5 mm（♂）

形态特征 体表具角质。雄性额角向前突出；尾扇与双尾节分离，三角形顶端尖，长为宽的1.5倍，较长于第3尾肢；第3尾肢外肢内缘呈锯齿状，内肢与原肢愈合，较长于外肢，边缘具锯齿。

采集地 北部湾近岸海域

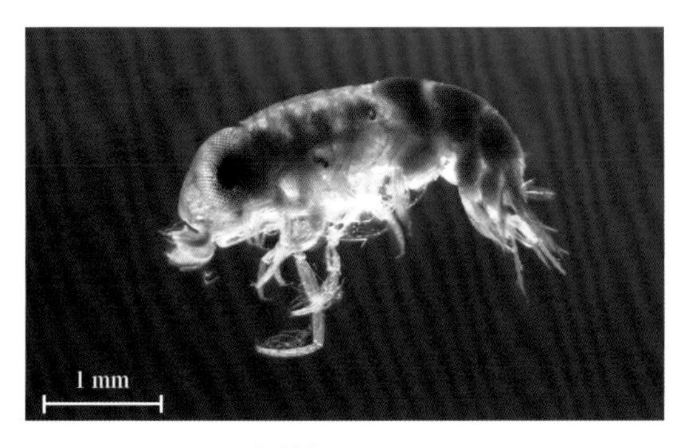

▲ 整体侧面观（♂）

▲ 尾节（♂）

磷虾目 Order EUPHAUSIACEA

磷虾科 Family Euphausiidae

中华假磷虾 *Pseudeuphausia sinica*

体长 8. 8~12. 5 mm（♀）

形态特征 背甲前端延伸为片状突，前缘截平；眼长不超过第 1 触角基节；尾节末端细长；外肢略长于内肢，内肢较纤细。雌性在繁殖期有抱卵行为。

采集地 北部湾近岸海域

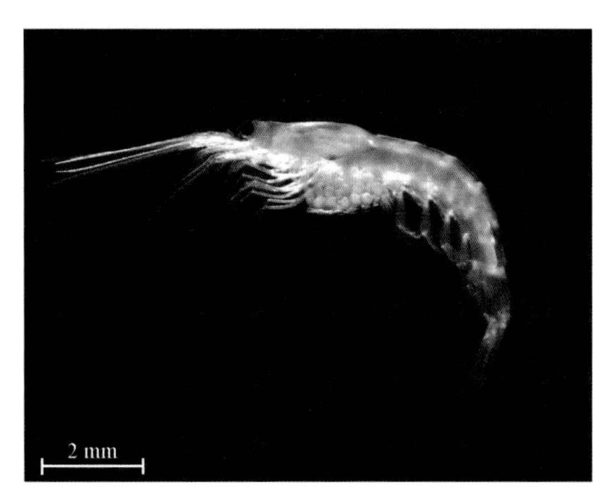

▲ 整体侧面观（♀）

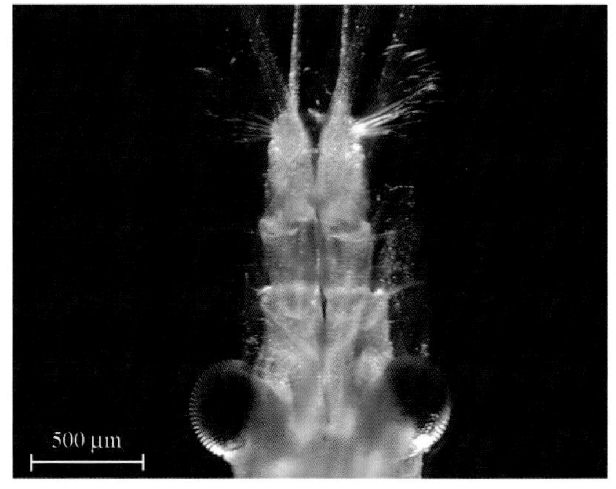

▲ 头部背面观（♀）

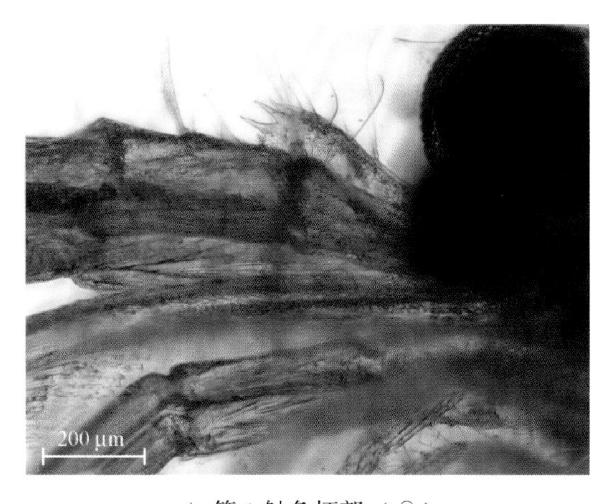

▲ 第 1 触角柄部（♀）

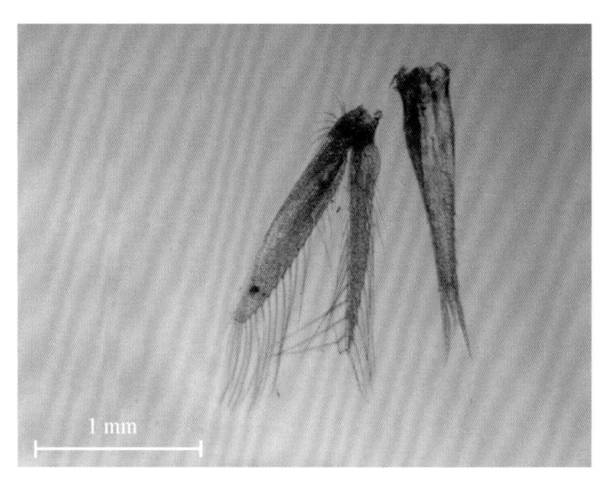

▲ 尾肢和尾节（♀）

十足目 Order DECAPODA

莹虾科 Family Luciferidae

中型莹虾 *Belzebub intermedius*

体长 8.2~11.3 mm（♀）

形态特征 眼睛较小，稍带黄褐色，其长度不超过第1触角柄部第1节。雄性尾足外肢末端几乎截平，而雌性略有伸长。

采集地 北部湾近岸海域

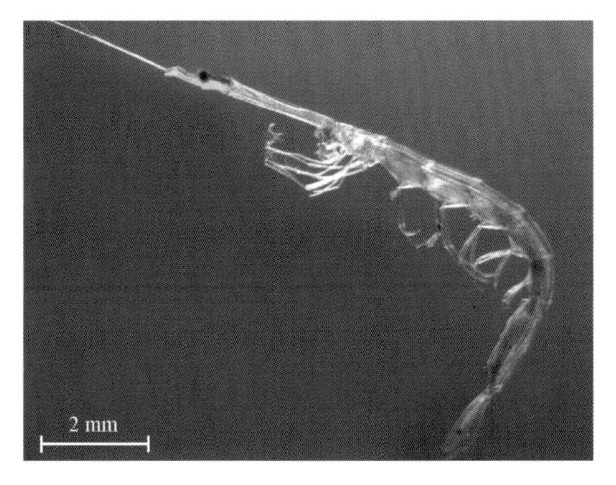

▲ 整体侧面观（♀）

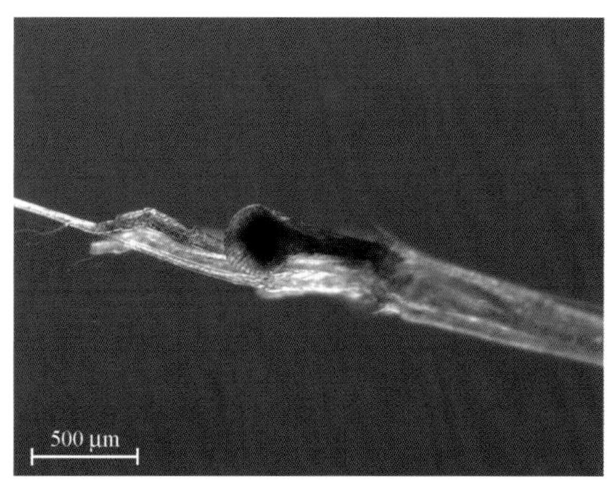

▲ 头部（♀）

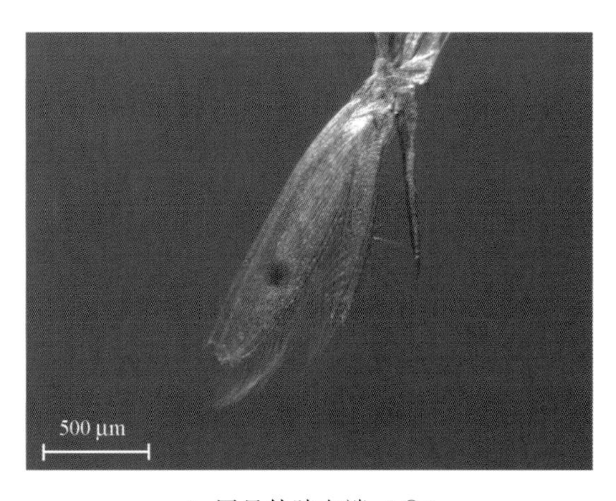

▲ 尾足外肢末端（♀）

亨生莹虾 *Belzebub hanseni*

体长　7.0~12.8 mm（♀）

形态特征　身体稍肥厚；眼睛较小，其长度不超过第1触角柄部第1节。雌性尾足外肢末端特别伸长，远远超过外缘刺。

采集地　北部湾近岸海域

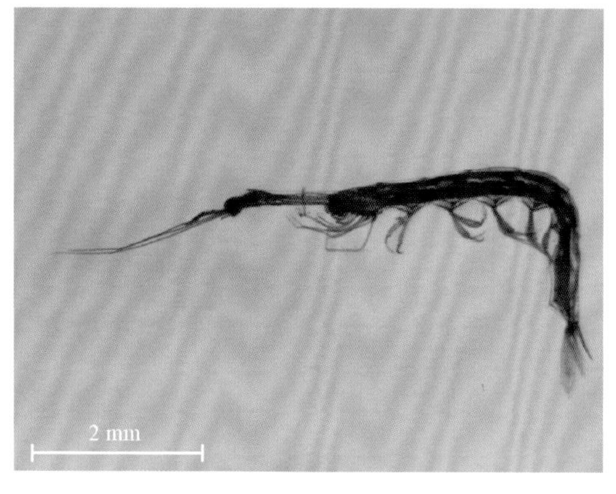

▲ 整体侧面观（♀）

▲ 尾足外肢末端（♀）

刷状莹虾 *Belzebub penicillifer*

体长　7.3~11.7 mm（♀），6.6~9.3 mm（♂）

形态特征　雄性眼长稍超过第1触角柄部第1节或等长，而雌性没有超过；雄性尾足外肢末端不超过或稍超过外缘刺，雌性一般稍超过外缘刺。

采集地　北部湾近海海域

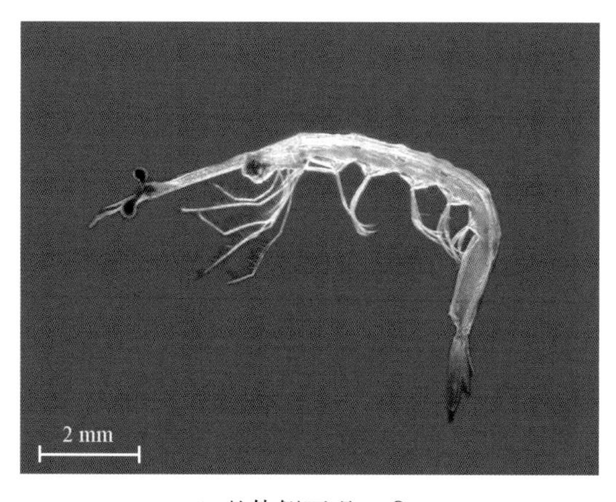

▲ 整体侧面观（♀）

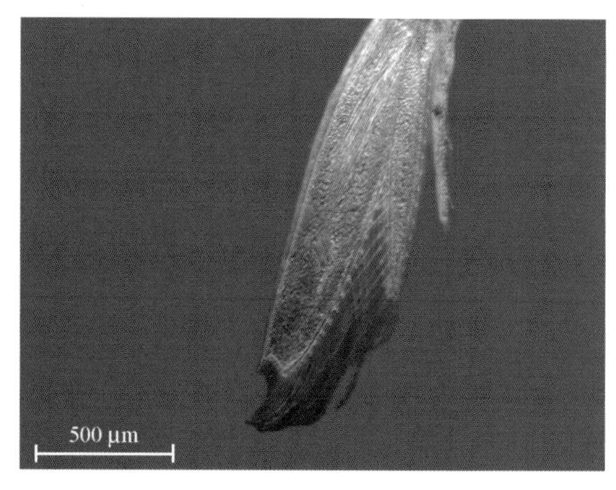

▲ 尾肢（♀）

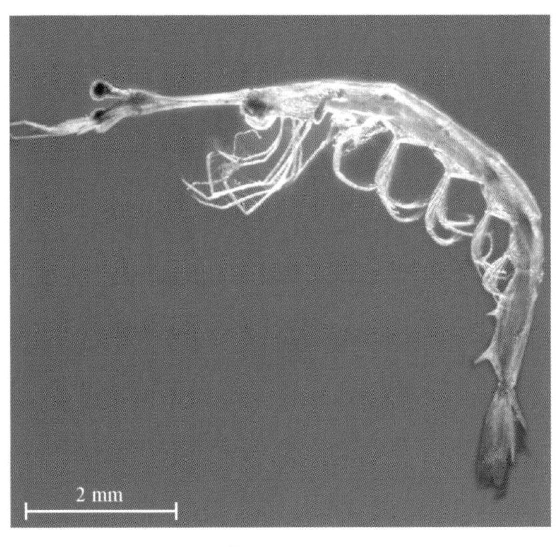

▲ 整体侧面观（♂）

▲ 尾肢（♂）

樱虾科 Family Sergestidae

日本毛虾 *Acetes japonicus*

体长 15.0~20.0 mm（♀）

形态特征 体颇侧扁，额角短小，尾肢内肢上一般只有 1 个较大的红点。雌性生殖板后缘中央有 1 浅凹或无凹陷。

采集地 北部湾近岸海域

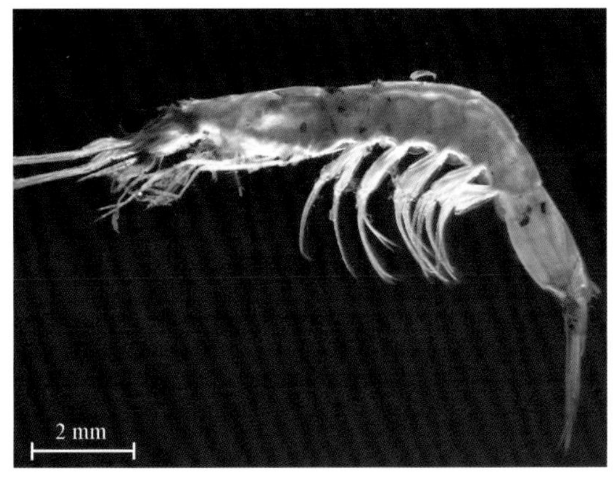

▲ 整体侧面观（♀）

▲ 尾肢（♀）

中国毛虾 *Acetes chinensis*

体长 20.0~40.0 mm（♂）

形态特征 体颇侧扁，额角短小，雄性交接器头叶狭长，末端膨大。

采集地 北部湾近岸海域

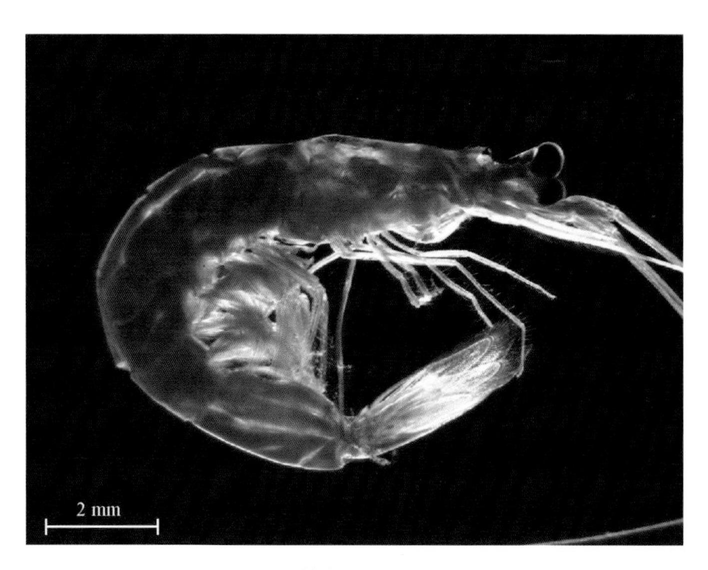

▲ 整体侧面观（♂）

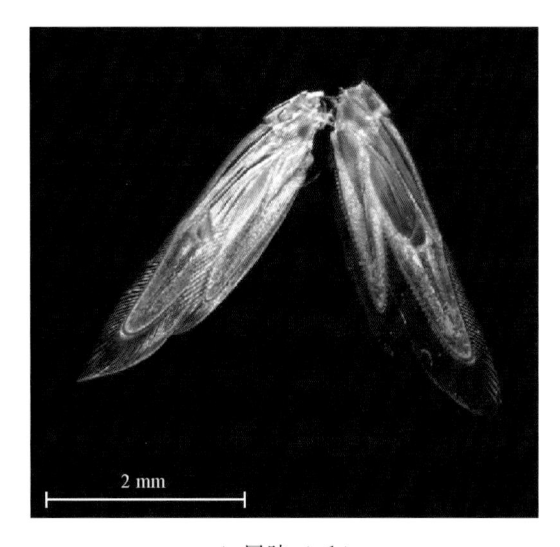

▲ 尾肢（♂）

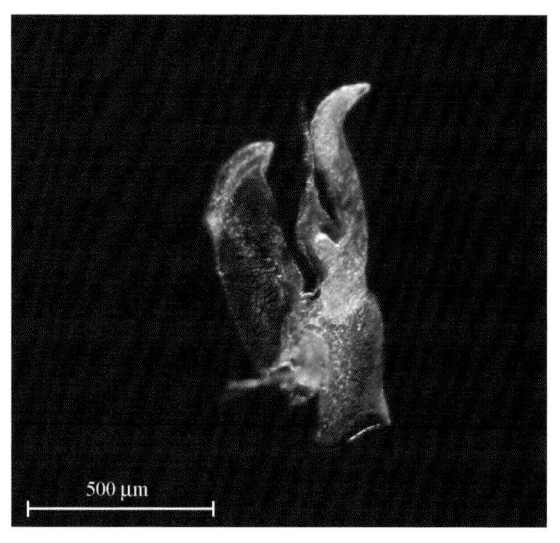

▲ 交接器背面观（♂）

涟虫目 Order CUMACEA

涟虫科 Family Bodotriidae

卵圆涟虫 *Bodotria ovalis*

体长 3.0~4.3 mm（♀）

形态特征 雌性头胸部背面近卵圆形；头胸甲最宽处近后部，长约为体长的 1/4；胸部具 4 个自由胸节；尾肢柄部内缘呈微锯齿状，尾肢内肢 1 节，外肢 2 节，外肢约与内肢等长。

采集地 北部湾近岸海域

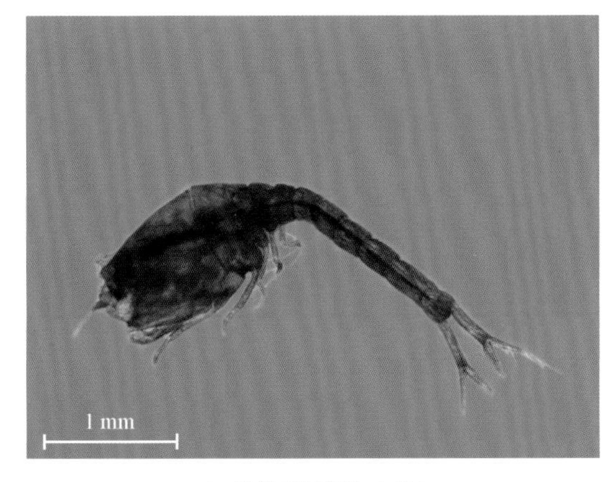

▲ 整体背面观（♀）

▲ 整体侧面观（♀）

▲ 头胸部侧面观（♀）

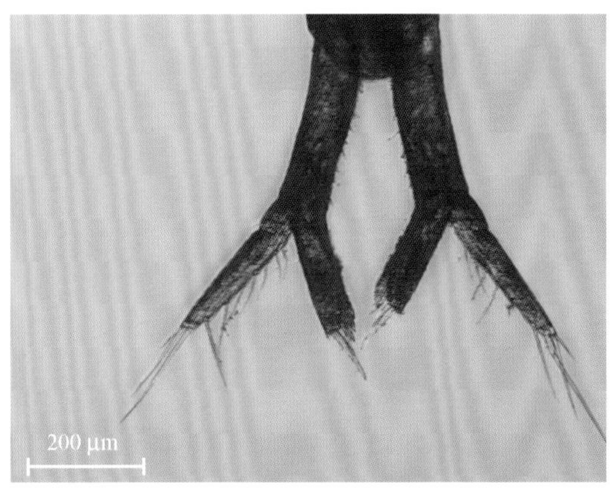

▲ 尾肢（♀）

针尾涟虫科 Family Diastylidae

亚洲异针尾涟虫 *Dimorphostylis asiatica*

体长 3.0~6.0 mm（♀）

形态特征 雌性头胸甲长约为体长的3/10；胸部5节；尾肢柄部长约为最末腹节的7/4，内缘具5~6根小刺；尾节与最末腹节大致等长，肛后部短，肛门瓣膜发达。

采集地 北部湾近岸海域

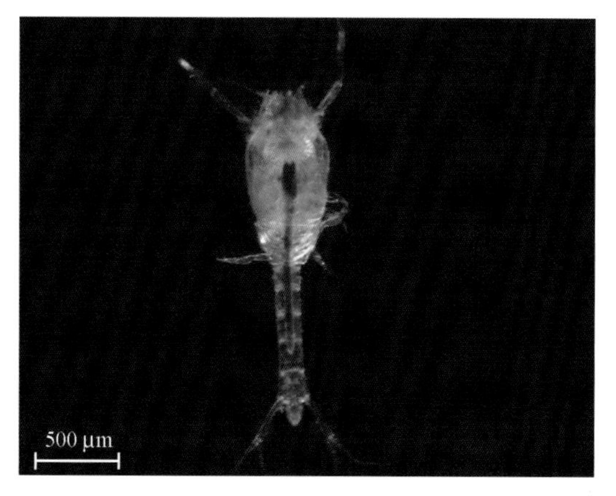

▲ 整体背面观（♀）

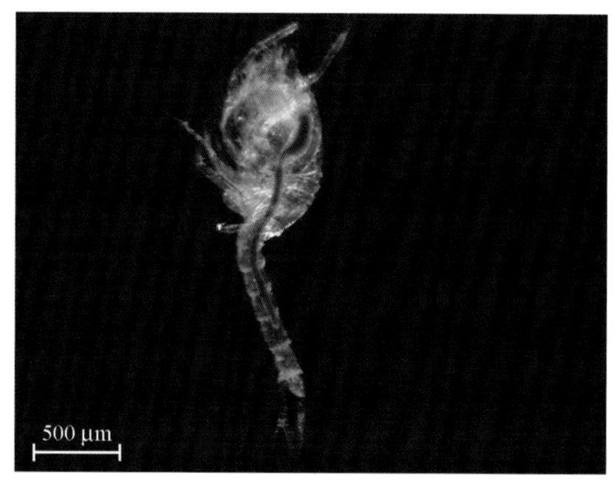

▲ 整体侧面观（♀）

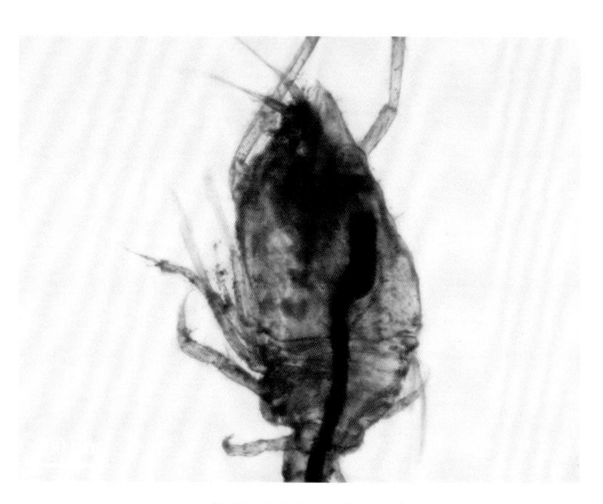
▲ 头胸甲侧面观（♀）

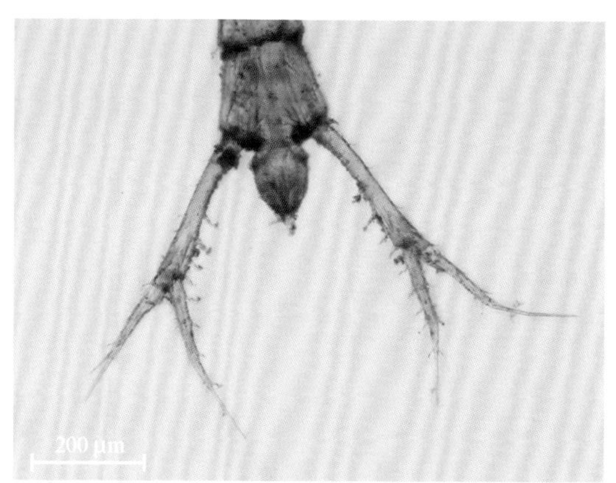

▲ 尾肢（♀）

毛颚动物门

Phylum CHAETOGNATHA

箭虫纲
Class SAGITTOIDEA

腹横肌目 Order PHRAGMOPHORA

锄虫科 Family Spadellidae

头翼锄虫 *Spadella cephaloptera*

体长 2.5~4.6 mm

形态特征 体微小、硬实，头大，颈明显；尾节稍长于躯干，无缢缩；肌肉发达，不透明；腹神经节较大；泡状组织从颈部展布到储精囊附近。

采集地 北部湾南部海域

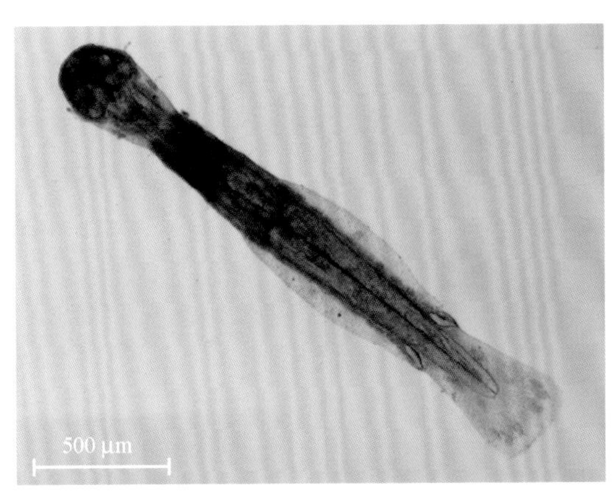

▲ 整体背面观

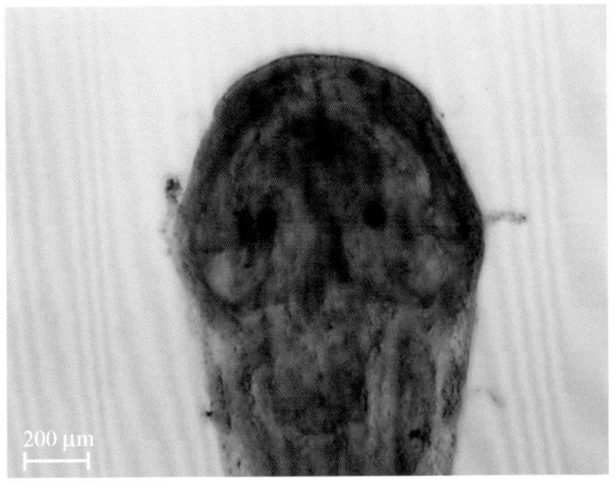

▲ 头部背面观

无横肌目 Order APHRAGMOPHORA

翼箭虫科 Family Pterosagittidae

龙翼箭虫 *Pterosagitta draco*

体长 4~8 mm

形态特征 体粗短，头大，颈明显，腹神经节中等大小；泡状组织极发达，几乎包被全体；尾无缢勒，长而粗大，达体长的40%~46%。

采集地 北部湾南部海域

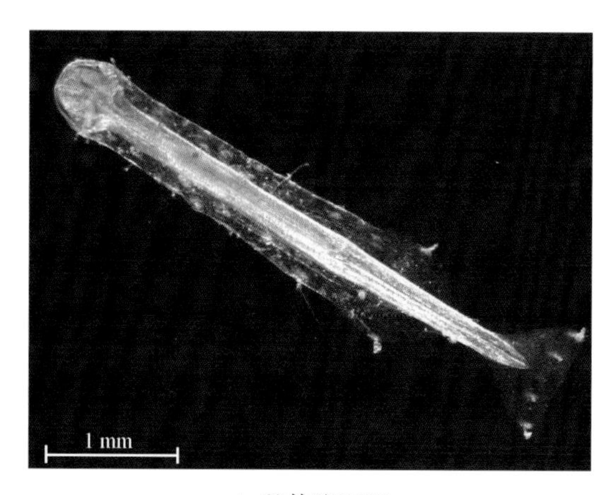

▲ 整体腹面观

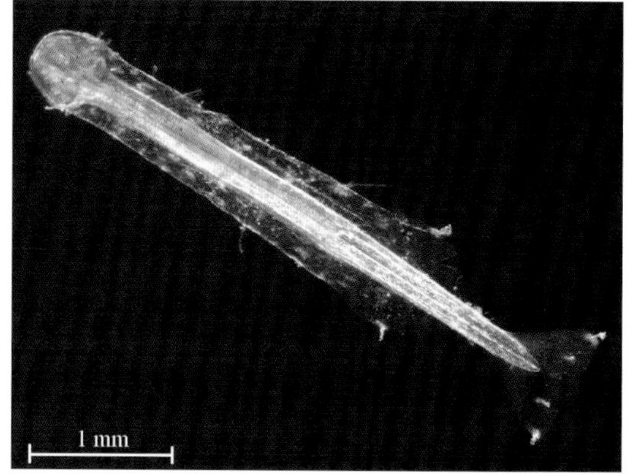

▲ 整体背面观

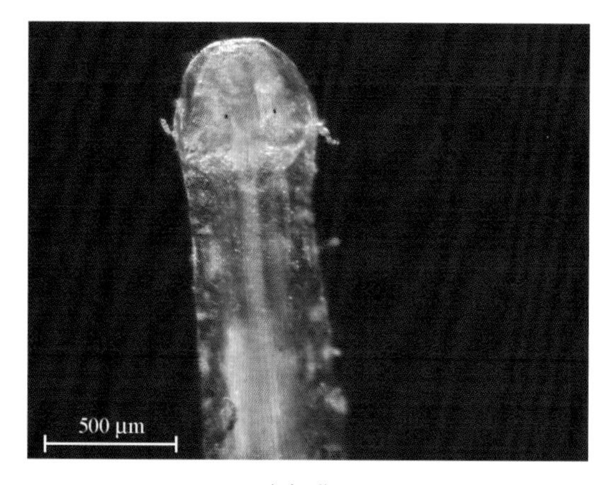

▲ 头部背面观

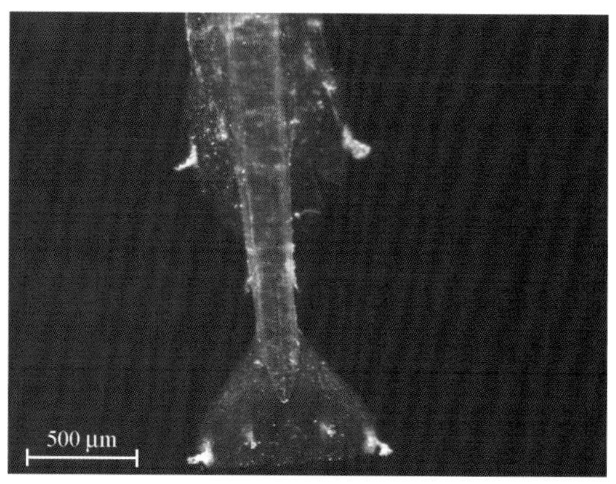

▲ 尾部

箭虫科 Family Sagittidae

肥胖软箭虫 *Flaccisagitta enflata*

体长 10～30 mm

形态特征 体肥胖，头宽短，全体呈梭形，以躯干的前鳍部位最宽；肌肉层薄弱，十分透明；无泡状组织；腹神经节小；尾节为体长的1/5左右。

采集地 北部湾近岸海域

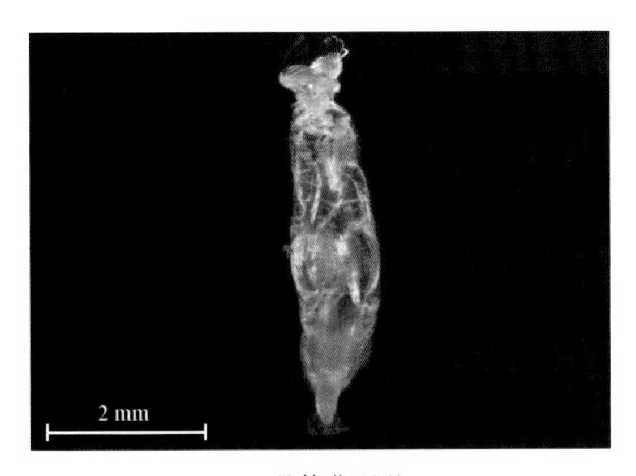

▲ 整体背面观

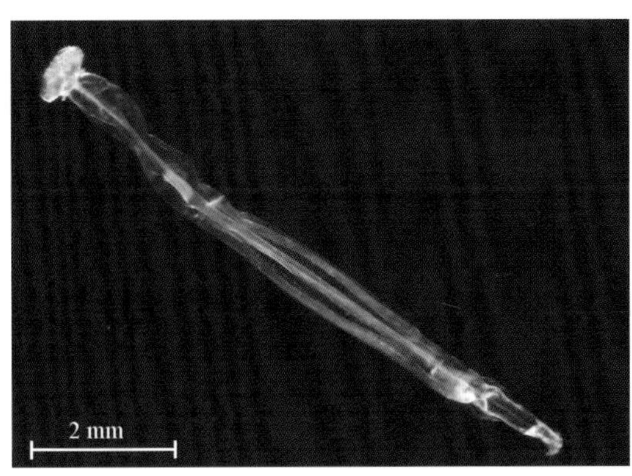

▲ 另一个体整体背面观

百陶带箭虫 *Zonosagitta bedoti*

体长 10～18 mm

形态特征 体形细长，头中等大小，颈明显，躯干在两侧鳍间较宽；尾节无缢缩，占体长的22%～27%；肌肉颇发达，半透明；泡状组织仅限于颈部；腹神经节中等大小；眼较小，呈卵圆形。

采集地 北部湾近岸海域

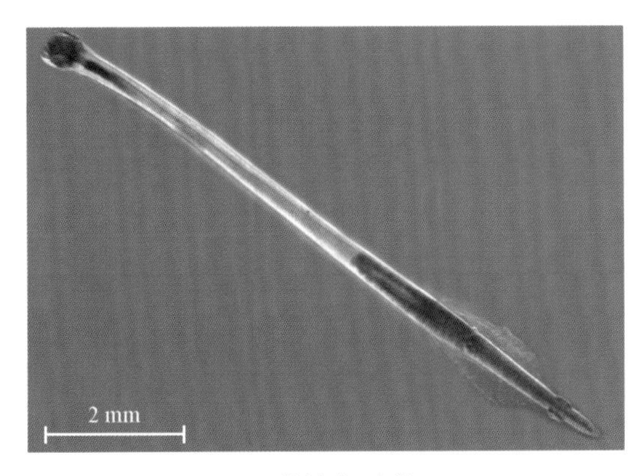

▲ 整体背面观

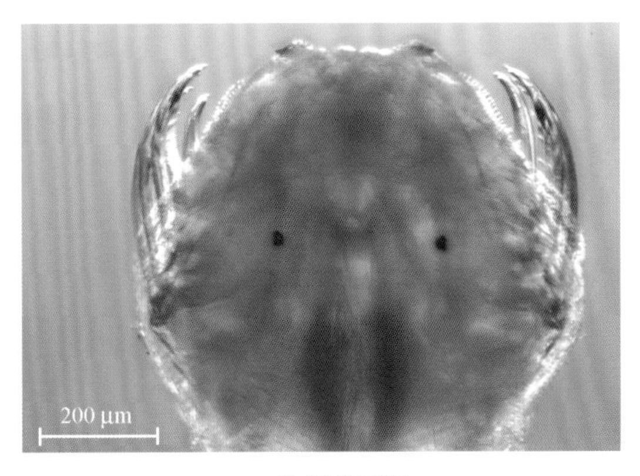

▲ 头部背面观

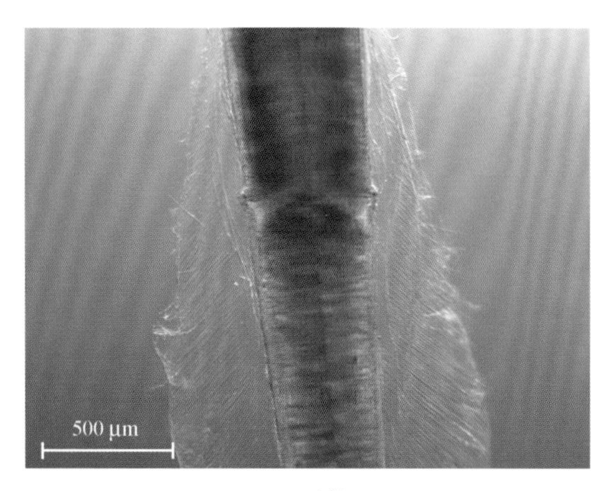

▲ 后鳍

▲ 储精囊

纳嘎带箭虫 *Zonosagitta nagae*

体长 12~25 mm

形态特征 体硬实、细长而强壮；肌肉层薄，但强硬，半透明至不透明；头中等大小，颈明显，有泡状组织；尾节长度为体长的20%~23%。

采集地 北部湾近岸海域

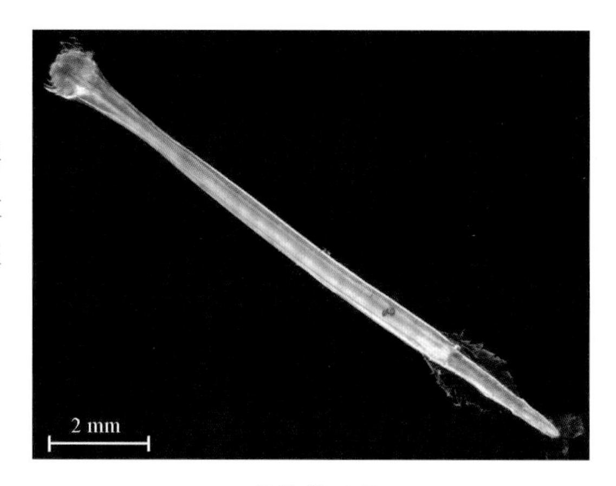

▲ 整体背面观

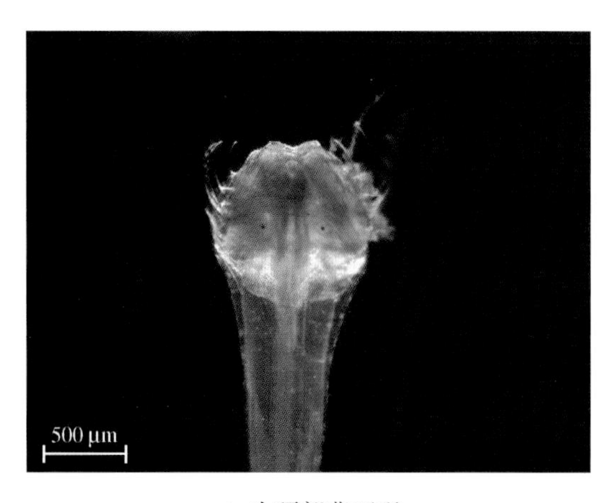

▲ 头颈部背面观

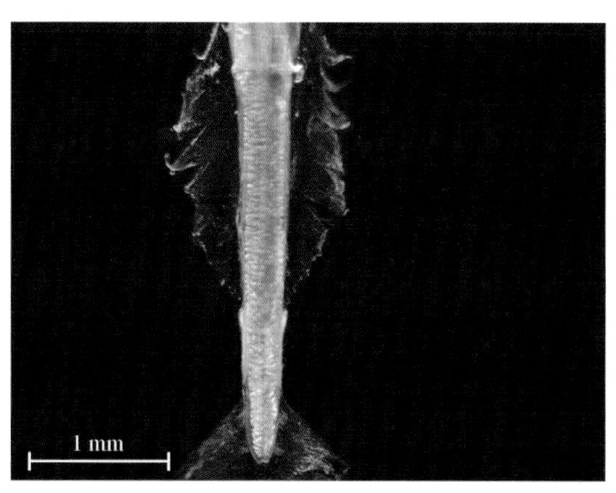

▲ 后鳍和储精囊

太平洋齿箭虫 *Serratosagitta pacifia*

体长 7 ~ 14 mm

形态特征 体瘦长，躯干各段几乎等宽，头中等大小，颈较明显；尾节狭小，为体长的22% ~ 25%；肌肉层厚，硬实，半透明；腹神经节中等大小；眼较小，呈长圆形。

采集地 北部湾近岸海域

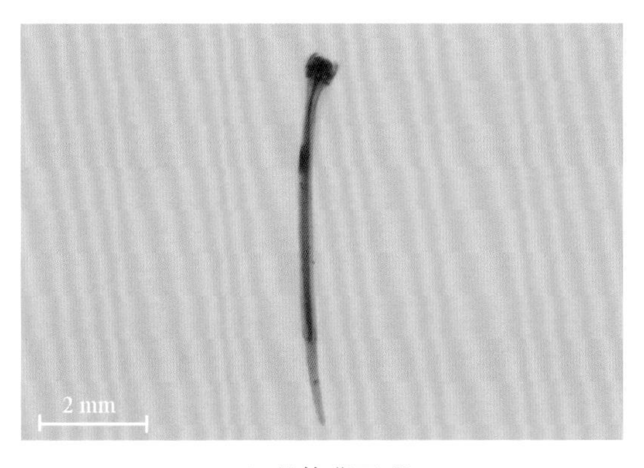

▲ 整体背面观

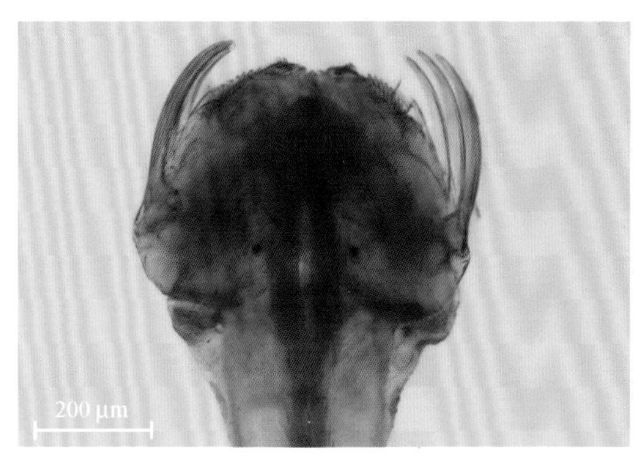

▲ 头部背面观

寻觅坚箭虫 *Solidosagitta zetesios*

体长 9 ~ 28 mm

形态特征 体强壮，躯干宽度前后基本一致；头圆，中等大小，颈明显；尾节为体长的20% ~ 26%；肌肉强硬，不透明；泡状组织发达，包被周身；腹神经节小；眼大，呈卵圆形。

采集地 北部湾南部海域

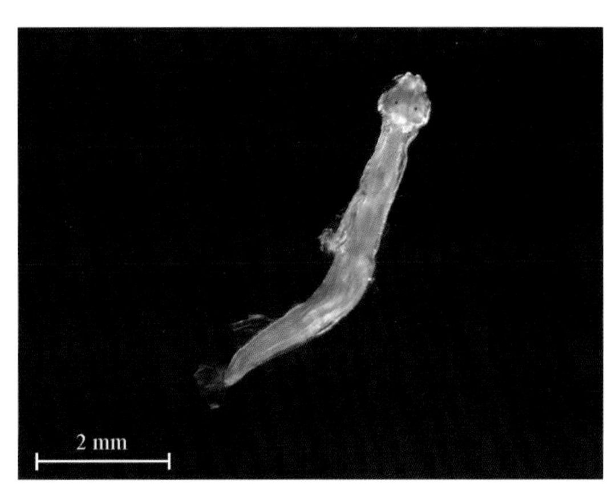

▲ 整体背面观

凶形猛箭虫 *Ferosagitta ferox*

体长 6～22 mm

形态特征 体形粗壮，头大，颈明显，躯干各段基本等宽；尾节粗壮，无缢缩，为体长的24%～28%；肌肉极发达，强硬，不透明；泡状组织在颈部明显；眼大，呈圆形。

采集地 北部湾近海海域

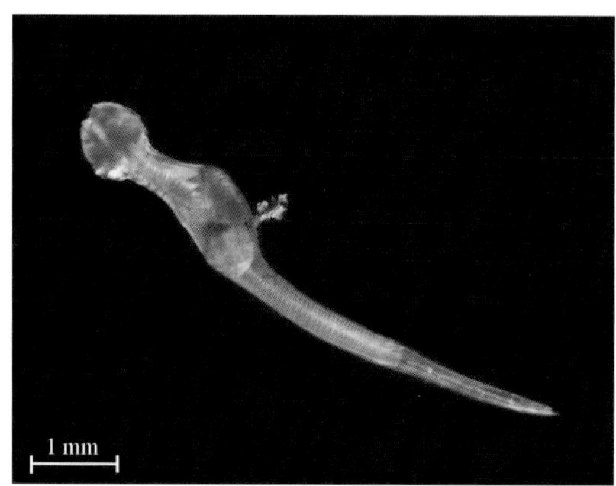

▲ 整体背面观

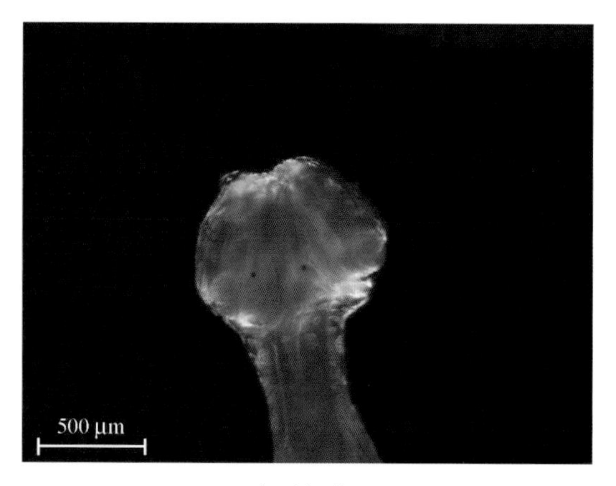

▲ 头颈部背面观

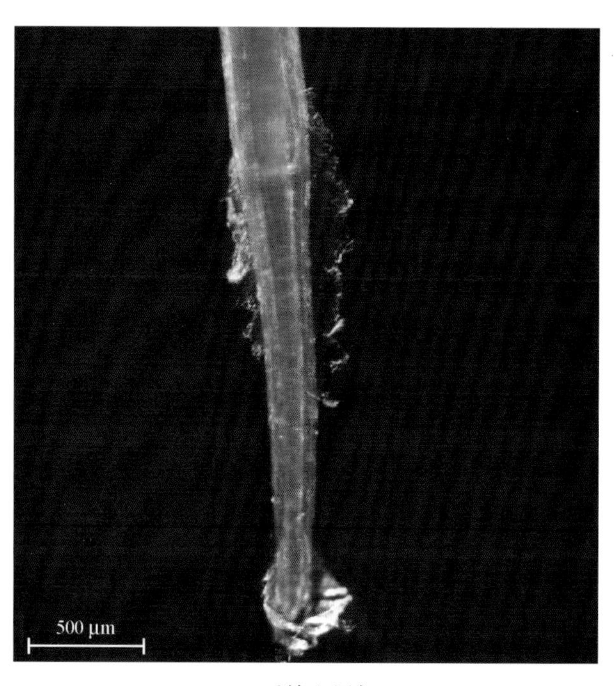

▲ 后鳍和尾部

强壮滨箭虫 *Aidanosagitta crassa*

体长 10～20 mm

形态特征 躯干中部宽，两端小，头中等大小，颈不明显；尾节无缢缩，占体长的25%～28%；肌肉中等发达，稍硬；泡状组织非常发达，包被全身，从腹神经节到后鳍明显增厚。

采集地 北部湾近岸海域

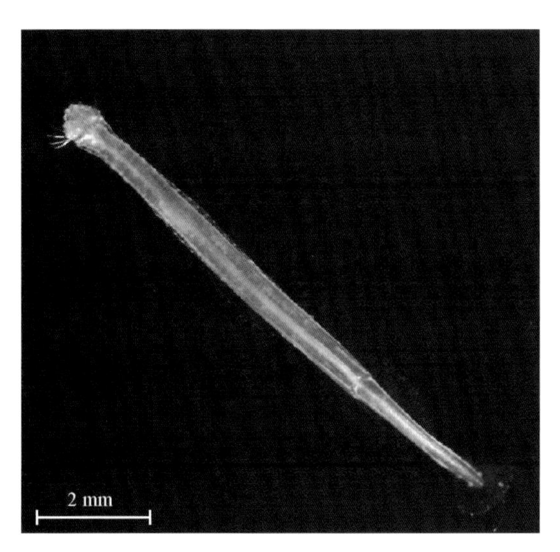

▲ 整体背面观

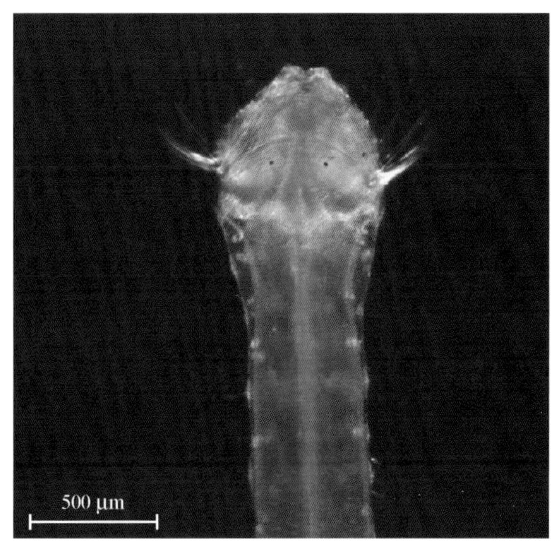

▲ 头颈部背面观

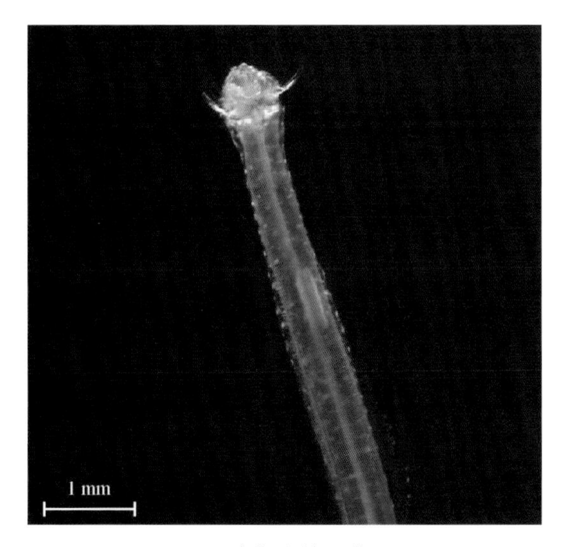

▲ 头部和神经节

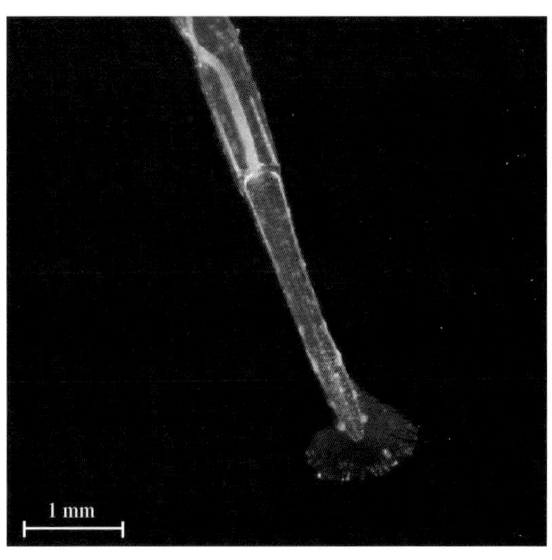

▲ 后鳍和尾部

强壮滨箭虫中间型 *Aidanosagitta crassa* f. *intermedius*

体长　5~12 mm

形态特征　躯干中部宽，两端小，头中等大小，颈不明显；尾节无缢缩，占体长的25%~27%；肌肉中等发达，稍硬；泡状组织非常发达，包被全身，从腹神经节到尾隔膜增厚，但较薄。

采集地　北部湾近岸海域

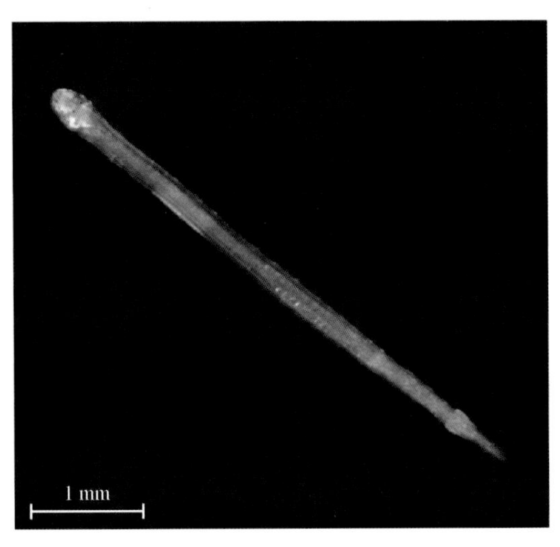

▲ 整体背面观

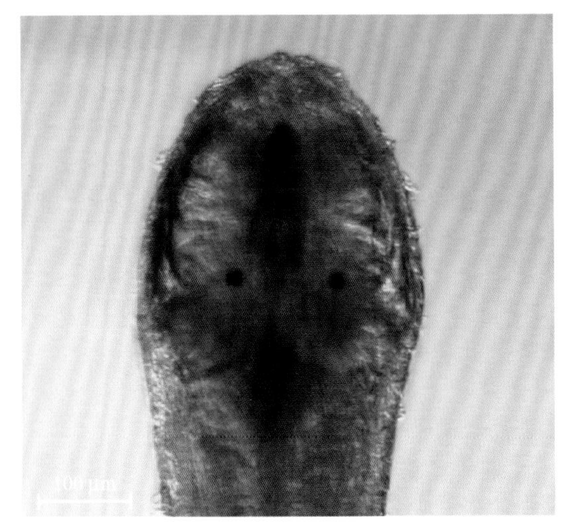

▲ 头部背面观

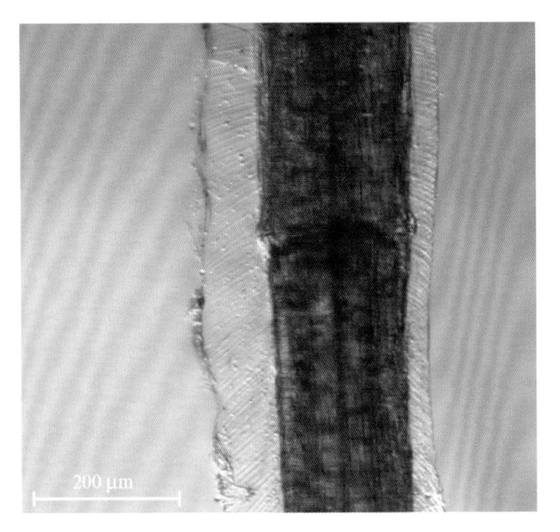

▲ 后鳍

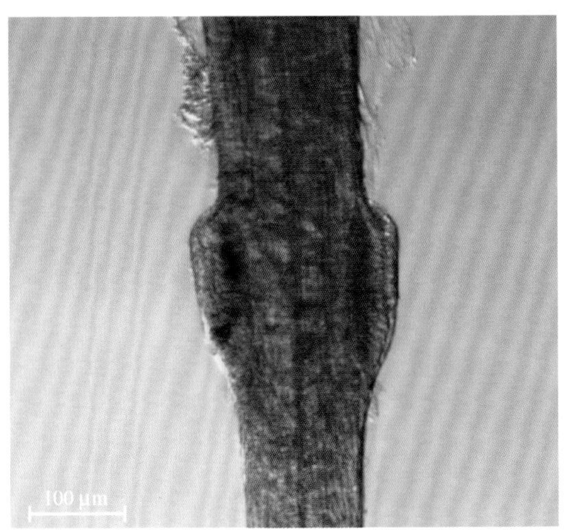

▲ 储精囊

贝德福箭虫 *Aidanosagitta bedfordii*

体长 3~5 mm

形态特征 体细小，强壮，躯干宽度一致；头中等大小，尖顶；尾节约为体长的1/3，在尾隔膜处无缢缩；肌肉硬实不透明；眼圆，眼间距稍大于头宽的1/3；卵巢宽，卵大而圆，数少，变形；储精囊呈倒梨形，靠近后鳍，稍微离开尾鳍。

采集地 北部湾近海海域

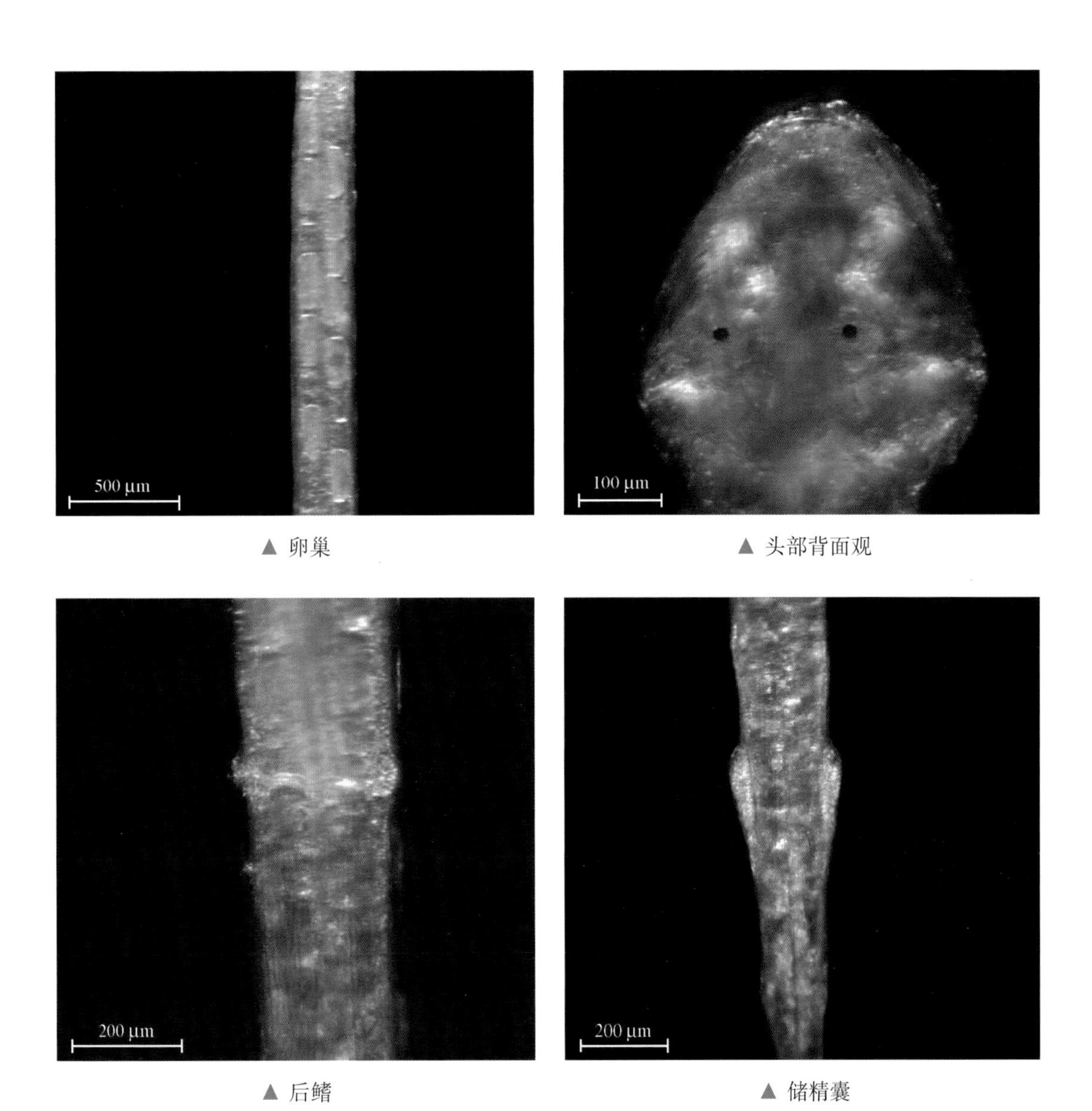

▲ 卵巢

▲ 头部背面观

▲ 后鳍

▲ 储精囊

脊索动物门

Phylum CHORDATA

头索纲
Class LEPTOCARDII

文昌鱼目 Order BRANCHIOSTOMIFORMES

文昌鱼科 Family Branchiostomatidae

白氏文昌鱼 *Branchiostoma belcheri*

体长 4. 2 mm

形态特征 体侧扁，两端尖细，脊索从身体的最前端贯穿至最后端。

采集地 北部湾近岸海域

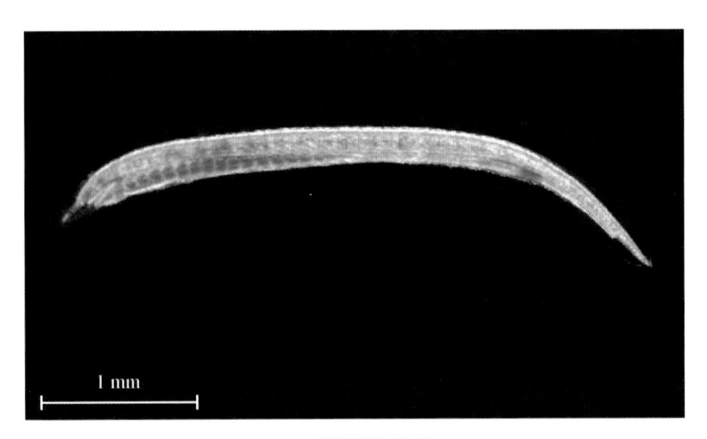

▲ 整体侧面观

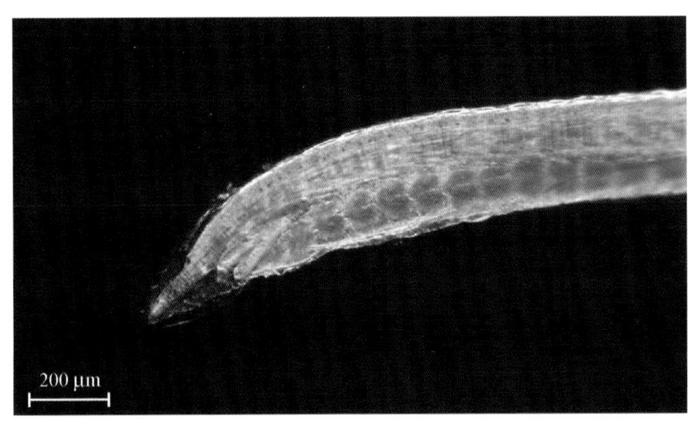

▲ 头部

尾索动物门

Phylum UROCHORDATA

海樽纲
Class THALIACEA

海樽目 Order DOLIOLIDA

海樽科 Family Doliolidae

邦海樽 *Doliolum nationalis*

体长　1.8~2.5 mm

形态特征　囊壁薄而硬；消化道弯曲；精巢呈管状，延伸不超过第 3 肌带；内柱从第 2 肌带延伸至第 3 肌带。

采集地　北部湾近岸海域

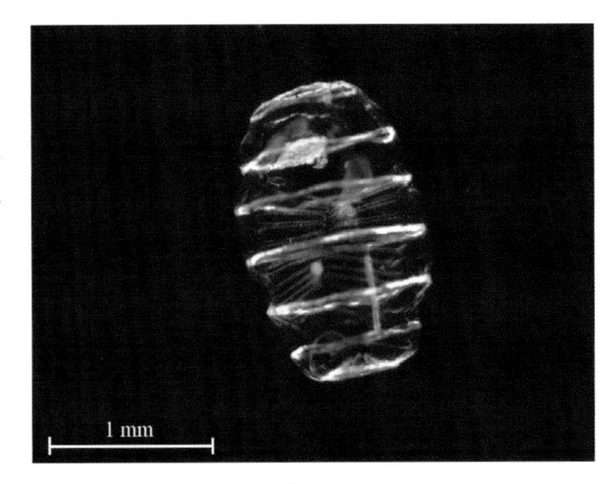

▲ 整体观

软拟海樽 *Dolioletta gegenbauri*

体长　1.5~2.0 mm

形态特征　囊壁薄而软；消化道呈螺旋形；鳃裂约 70 个；精巢呈管状，延伸到第 1 肌带间；内柱从第 2、第 3 肌带之间延伸至第 4、第 5 肌带之间。

采集地　北部湾近岸海域

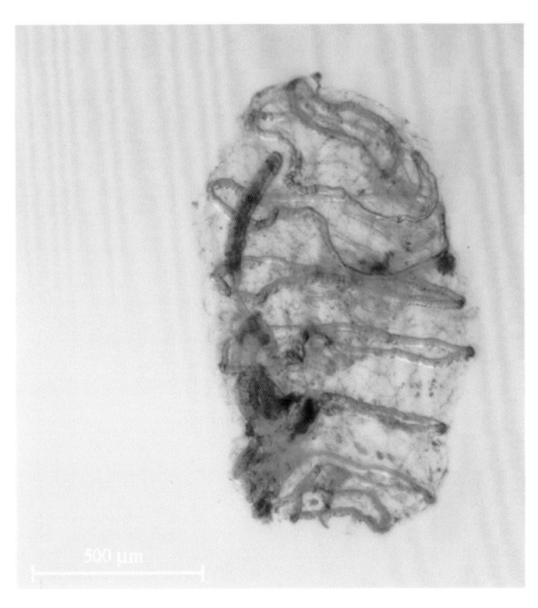

▲ 整体侧面观

纽鳃樽目 Order SALPIDA

纽鳃樽科 Family Salpidae

双尾纽鳃樽 *Thalia orientalis*

体长 4.0~5.0 mm

形态特征 有性个体身体呈卵圆形，口与室孔在两端的背面；壳厚柔软，后突起末端钝，壳的表面无锯齿，附着突起不超出壳外；肌肉有5条体肌均在腹部间断，第1~3条体肌在背部联合，第4~5条体肌在背部联合，第5条体肌短而细，只伸到室孔角的两侧，没有伸入腹部。

采集地 北部湾近岸海域

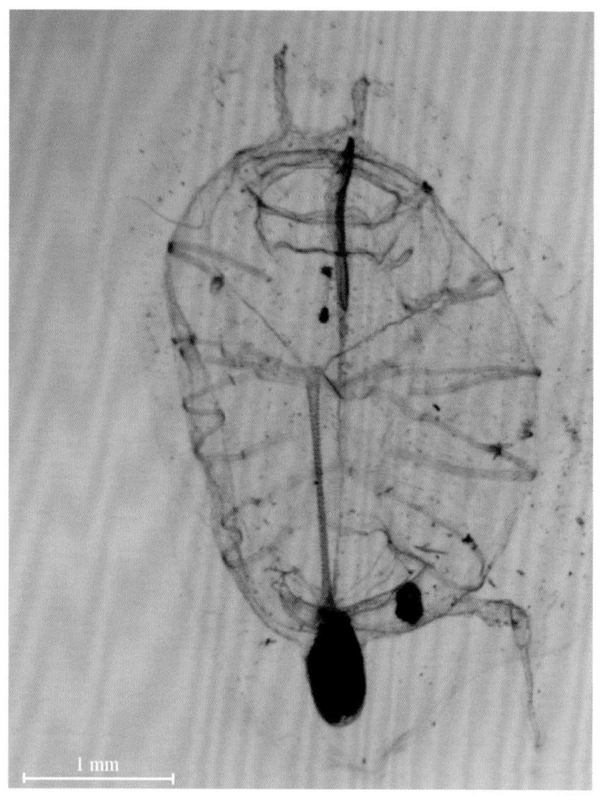

▲ 整体观

有尾纲 Class APPENDICULARIA

有尾目 Order COPELATA

住囊虫科 Family Oikopleuridae

异体住囊虫 *Oikopleura*（*Vexillaria*） *dioica*

体长 6.2~7.0 mm

形态特征 躯体小而胖，背部近平直；口位于前端，斜向背面，口腺小；尾部肌肉很窄；尾部与躯体的长度比为4∶1。

采集地 北部湾近岸海域

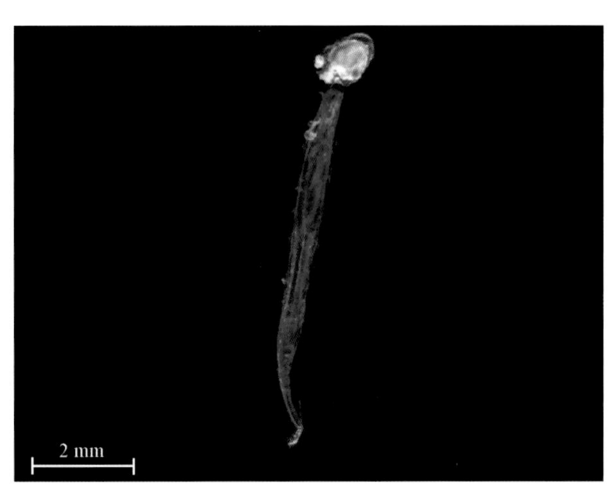

▲ 整体观

长尾住囊虫 *Oikopleura*（*Coecaria*） *longicauda*

体长 2.0~2.5 mm

形态特征 躯体短而胖，有发达的胶质头巾；口斜向背部，没有口腺和亚脊索细胞；尾部较硬，肌肉较宽而硬，伸至尾部近末端；鳍的末端为圆形；尾部与躯体的长度比为5∶1。

采集地 北部湾近岸海域

▲ 背面观

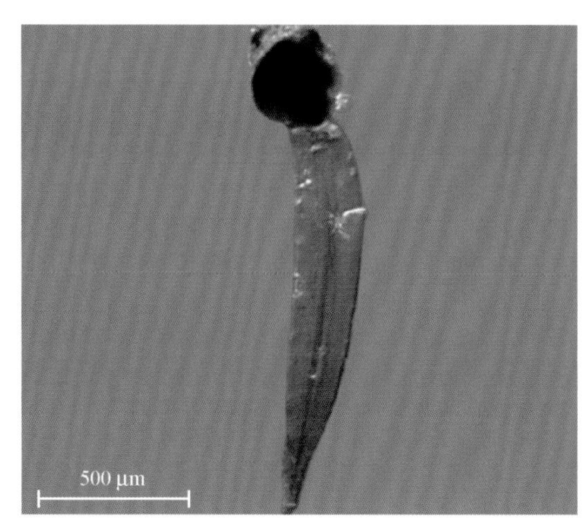

▲ 侧面观

住筒虫科 Family Fritillaridae

阿氏住筒虫 *Fritillatia abjornseni*

体长 1.0~1.5 mm

形态特征 消化管在躯干中间位置；生殖巢占躯干长的1/3；尾部脊索部分的肌肉长而窄，尾末端有一对腺细胞。

采集地 北部湾近岸海域

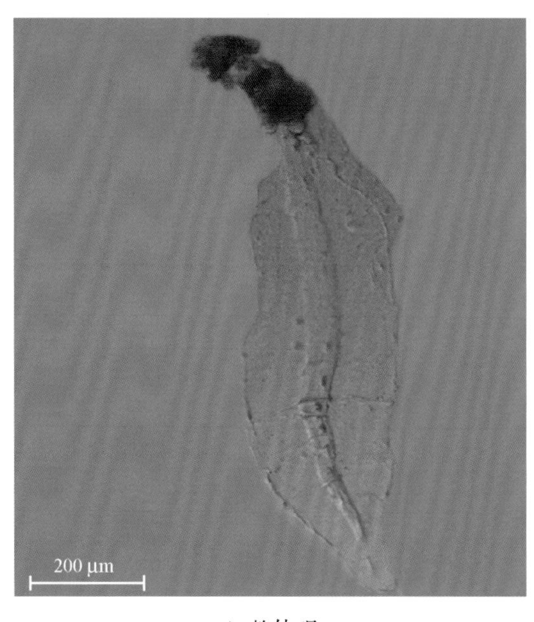

▲ 整体观

浮游幼虫类

桡足类无节幼虫 Copepoda nauplius larva

体长 0. 60 mm

形态特征 体呈卵圆形，具有 3 对附肢和 1 个单眼。

采集地 北部湾近岸海域

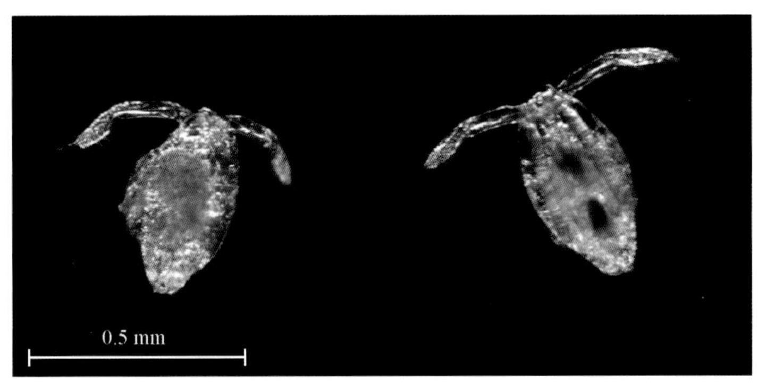

▲ 整体背面观

瓣鳃类壳顶幼虫 Umbo-veliger larva

体长 0. 65 mm

形态特征 具有明显的双壳类外观，直线铰合部向背部隆起。

采集地 北部湾近岸海域

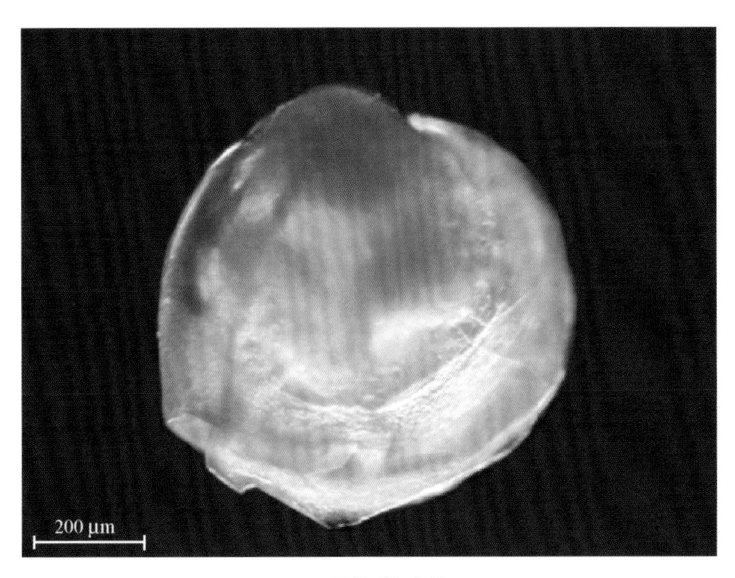

▲ 整体背面观

短尾类溞状幼虫 Brachyura zoea larva

体长　5.30 mm

形态特征　头胸部较发达，头部具1对复眼，背甲有1根向上伸长的刺，其前端另有1根向下伸长的刺，腹部分节。

采集地　北部湾近岸海域

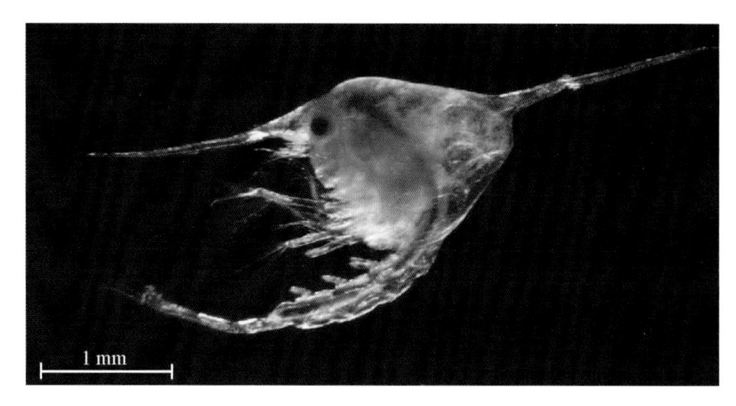

▲ 整体侧面观

短尾类大眼幼虫 Brachyura megalopa larva

体长　3.00 mm

形态特征　头胸部背腹扁，犹如成体，复眼有柄，腹部分节，向后伸直。

采集地　北部湾近岸海域

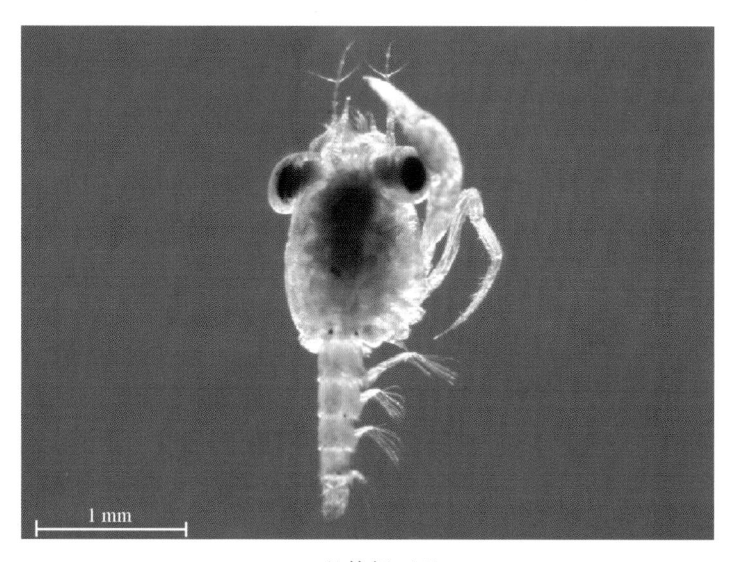

▲ 整体侧面观

长尾类溞状幼虫 Mccruran zoea larva

体长 1.50 mm

形态特征 躯体分节，具头胸甲，出现完整的口器和消化器官。

采集地 北部湾近岸海域

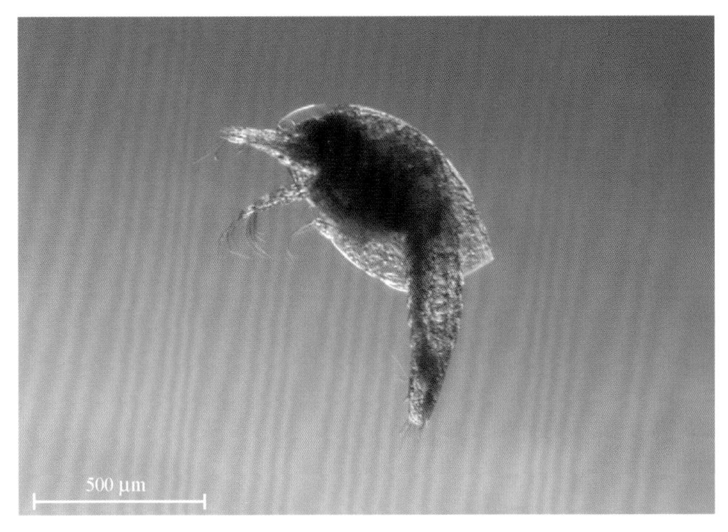

▲ 整体侧面观

长尾类糠虾幼虫 Mccruran mysis larva

体长 4.60 mm

形态特征 体形瘦小，头胸部与腹部分界明显，各部附肢齐全，初具虾形。

采集地 北部湾近岸海域

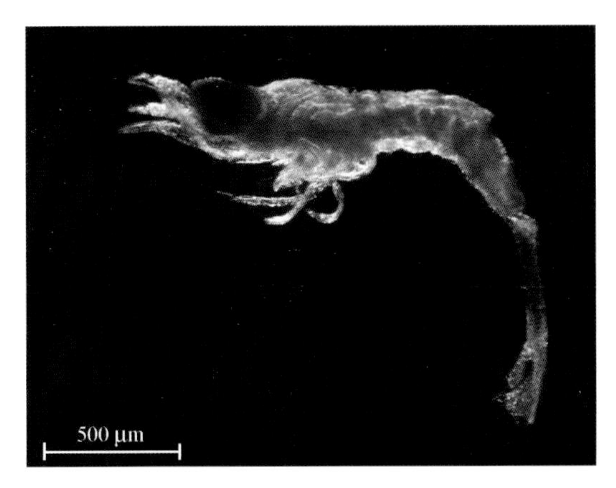

▲ 整体侧面观

▲ 另一个体整体侧面观

伊雷奇幼虫 Erichthus larva

体长 3.20 mm

形态特征 具口足类成体外观，头胸甲前端额角尖锐；腹部完全分节，并具发育较为完善的肢体。

采集地 北部湾近岸海域

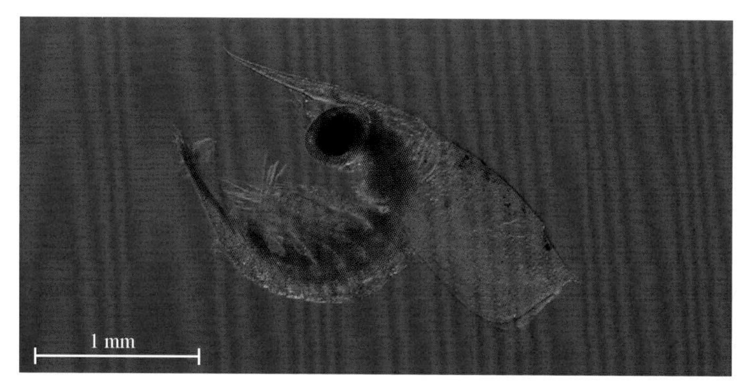

▲ 整体侧面观

阿利玛幼虫 Alima larva

体长 4.00 mm

形态特征 具口足类成体外观，仅具第 1、第 2 胸肢，不具外肢；第 2 胸肢强大，呈攫指形；腹部完全分节，具发育较为完善的肢体。

采集地 北部湾近岸海域

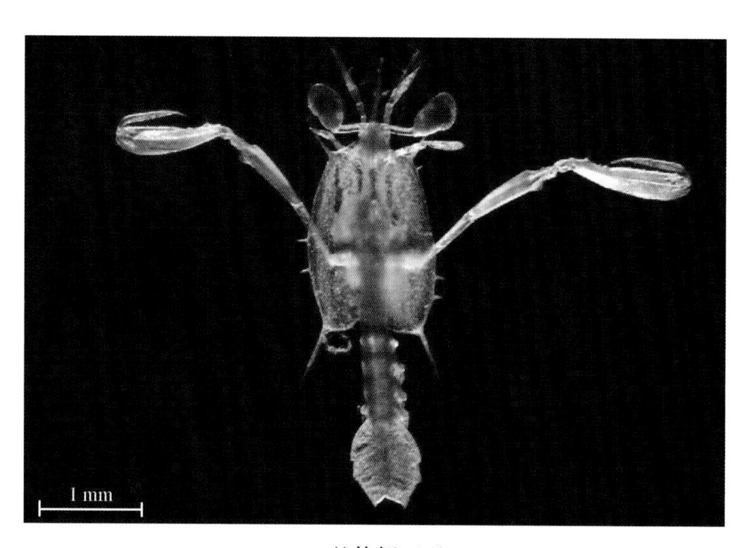

▲ 整体侧面观

磁蟹溞状幼虫 Porcellana zoea larva

体长 9.10 mm

形态特征 头胸甲发达，向前有 1 特长刺，向后有 1 对长刺，腹部较短。

采集地 北部湾近岸海域

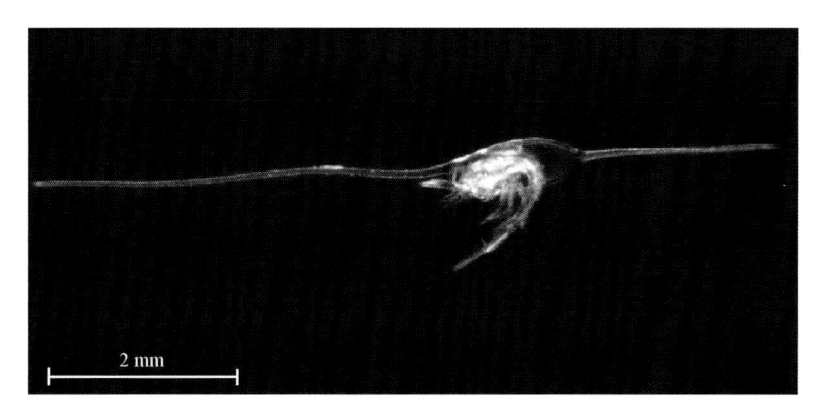

▲ 整体侧面观

蛇尾长腕幼虫 Ophiopluteus larva

体长 1.10 mm

形态特征 体扁平，呈星状；体盘小，腕细长，二者分界明显。

采集地 北部湾近岸海域

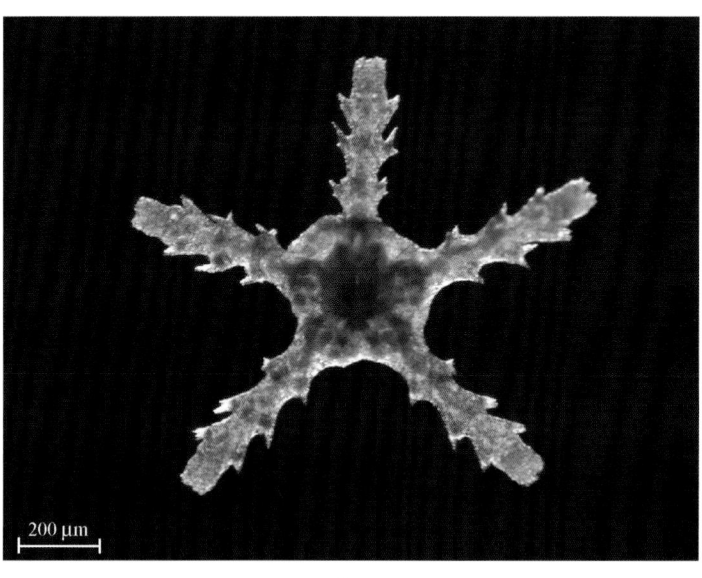

▲ 整体背面观

海参耳状幼虫 Auricularia larva

体长　6.0 mm

形态特征　口位于腹面中央，肛门开口于后端，具有口前纤毛环和口后纤毛环，纤毛环在一定的部位向外突出而形成短小的腕。

采集地　北部湾近岸海域

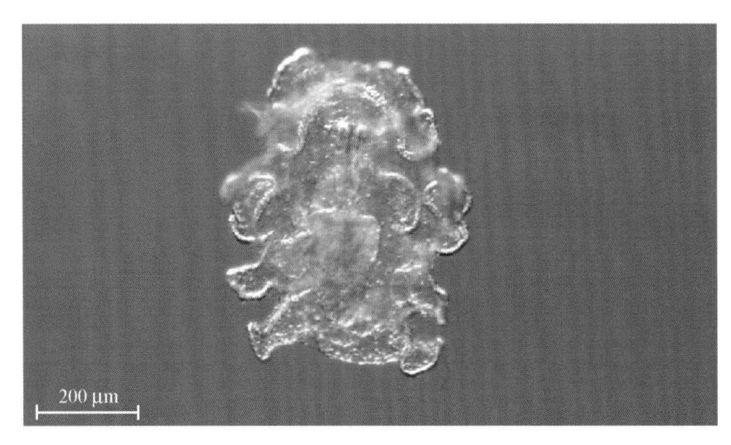

▲ 整体侧面观

海胆长腕幼虫 Echinodermata larva

体长　3.2 mm

形态特征　体略呈三角形，有 4 对细长对称的口腕，外侧 1 对最长。

采集地　北部湾近岸海域

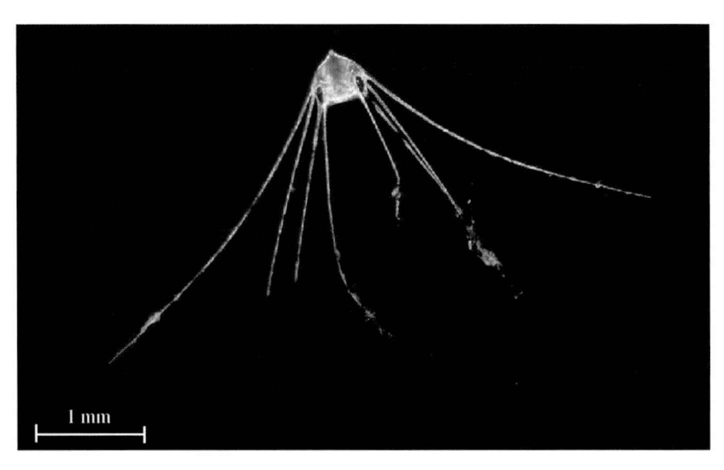

▲ 整体侧面观

蔓足类腺介幼虫 Cirripdia cypris larva

体长 0.7 mm

形态特征 体形似介形虫，身体被包于2瓣介壳内，具有1对无柄复眼。

采集地 北部湾近岸海域

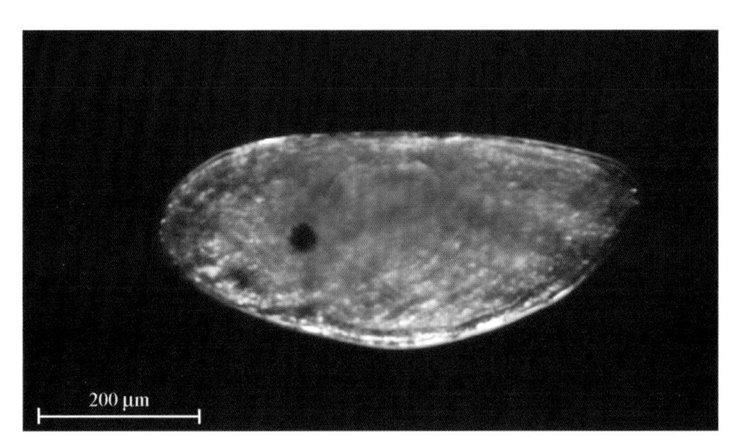

▲ 整体侧面观

蔓足类无节幼虫 Cirripdia nauplius larva

体长 0.9 mm

形态特征 身体（背甲）略呈三角形，前端两侧各具1棘突，体后端有1根长的尾刺和2个小的腹突起；身体背面前端具1单眼；幼体具3对附肢。

采集地 北部湾近岸海域

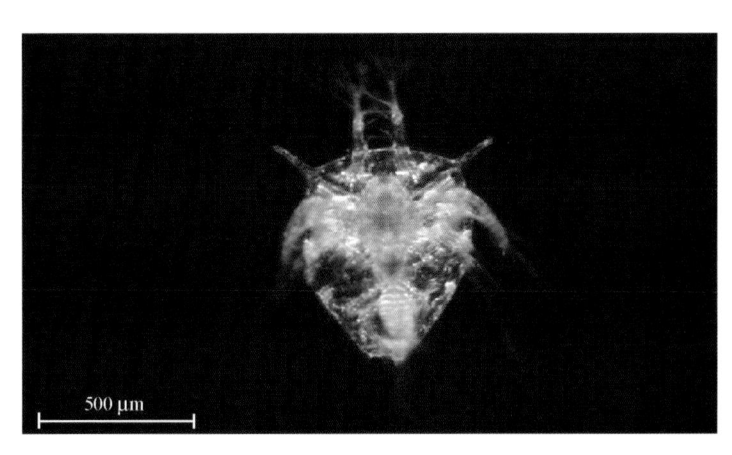

▲ 整体背面观

腕足类舌贝幼虫 Lingula larva

体长 0.8 mm

形态特征 体呈扁平圆形，被一无铰壳包被着，并有纤毛的总担（lophophore）。

采集地 北部湾近岸海域

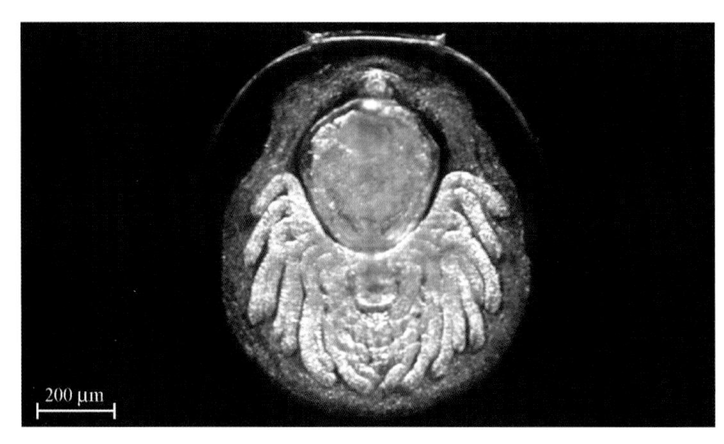

▲ 整体侧面观

水母碟状幼体 Aurelia ephyra

体长 1.0 mm

形态特征 体呈扁平状，半透明，通常具有8对感觉缘瓣和8个感觉棒，感觉缘瓣末端呈爪状。

采集地 北部湾近岸海域

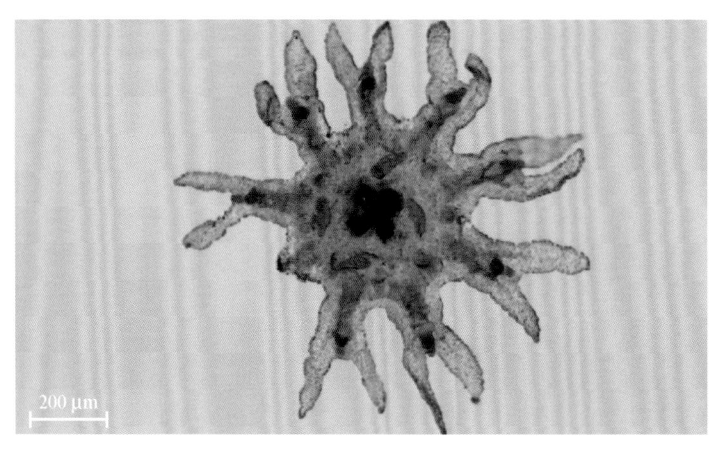

▲ 整体侧面观

参 考 文 献

刘瑞玉，2008. 中国海洋生物名录［M］. 北京：科学出版社.

黄宗国，林茂，2012. 中国海洋生物图集 第二册［M］. 北京：海洋出版社.

郑重，李少菁，许振祖，1984. 海洋浮游生物学［M］. 北京：海洋出版社.

许振祖，黄加祺，林茂，等，2014. 中国刺胞动物门水螅虫总纲［M］. 北京：海洋出版社.

张金标，2005. 中国海洋浮游管水母类［M］. 北京：海洋出版社.

连光山，王彦国，孙柔鑫，等，2018. 中国海洋浮游桡足类多样性（上、下册）［M］. 北京：海洋出版社.

连光山，孙柔鑫，王彦国，等，2022. 中国海及其邻近海域猛水蚤桡足类多样性［M］. 北京：科学出版社.

陈瑞祥，林景宏，1995. 中国海洋浮游介形类［M］. 北京：海洋出版社.

蔡秉及，郑重，1965. 中国东南沿海莹虾类的分类研究［J］. 厦门大学学报（自然科学版）(2)：111-122.

中国科学院中国动物志委员会，2002. 中国动物志 无脊椎动物 第二十八卷 节肢动物门 甲壳动物亚门 端足目亚目［M］. 北京：科学出版社.

中国科学院中国动物志委员会，2004. 中国动物志 无脊椎动物 第三十八卷 毛颚动物门 箭虫纲［M］. 北京：科学出版社.

中国科学院中国动物志委员会，2004. 中国动物志 无脊椎动物 第二十一卷 软甲纲 糠虾目［M］. 北京：科学出版社.